MODELAGEM NOS ANOS INICIAIS DO ENSINO FUNDAMENTAL

CIÊNCIAS E MATEMÁTICA

Consulte nosso catálogo completo e últimos lançamentos em **www.editoracontexto.com.br**.

MODELAGEM
NOS ANOS INICIAIS
DO ENSINO FUNDAMENTAL
CIÊNCIAS E MATEMÁTICA

Maria Salett Biembengut

Foto de capa
Da autora

Diagramação
Gustavo S. Vilas Boas

Ilustrações de miolo
João Paulo Biembengut Faria

Preparação de textos
Lilian Aquino

Revisão
Ana Paula Luccisano

Dados Internacionais de Catalogação na Publicação (CIP)

Biembengut, Maria Salett
Modelagem nos anos iniciais do ensino fundamental :
ciências e matemática / Maria Salett Biembengut. –
São Paulo : Contexto, 2019.
128 p. : il.

Bibliografia
ISBN: 978-85-520-0157-7

1. Educação 2. Ensino fundamental 3. Matemática – Estudo
e ensino 4. Ciências – Estudo e ensino 5. Didática I. Título

19-1328	CDD 371.3

Angélica Ilacqua CRB-8/7057

Índice para catálogo sistemático:
1. Ensino fundamental : Métodos de ensino

2019

EDITORA CONTEXTO
Diretor editorial: *Jaime Pinsky*

Rua Dr. José Elias, 520 – Alto da Lapa
05083-030 – São Paulo – SP
PABX: (11) 3832 5838
contexto@editoracontexto.com.br
www.editoracontexto.com.br

Sumário

PRETEXTO, PARA JUSTIFICAR

Na vida cotidiana, a criança se apercebe do seu meio, capta informações, identifica objetos e respectivas denominações, seleciona e compara as que ela já conhece, assimila os mais diversos entes que a rodeia, desenvolve significados específicos às palavras, às ideias, às pessoas. E na medida em que essas informações, ideias, palavras instigam-na a se comunicar, a linguagem a conduz a estruturar seu pensamento, construir generalizações sobre seu entorno e fazer conexões entre suas ideias.

A criança está sempre se inteirando das coisas no seu conviver. Sua imaginação perpassa os limites da imagem, levando-a a conceber e criar símbolos ou objetos, formar conceitos, dar forma, cor e sentido ao mundo em que vive. Por exemplo: uma roda afigura-se para ela um carro; uma boneca, uma criança; um cabo de vassoura, um cavalo. Nada há o que não lhe inspire e estimule o seu senso criativo. Senso criativo que se expõe em todo o seu viver e agir. Age espontaneamente para ver o que acontece e o que, sobremaneira, propicia ampliar seu conhecimento (Gardner, 1999; Sacks, 1995).

A compreensão da criança sobre seu entorno é mediada por suas interações sociais. E no âmago dessas interações, o diálogo e a comunicação. A contínua interação entre suas representações internas – dos pensamentos e das experiências diárias – modifica e aprimora a compreensão da criança sobre seu mundo, sua realidade. E da relação entre o pensamento e a palavra em um processo dinâmico e contínuo, em um ir e vir do pensamento à palavra (palavra ↔ pensamento), manifesta sua aprendizagem.

Nessa dinâmica contínua de reelaborar conceitos, cada vez mais complexa e refinada, facilitada pela sua comunicação com entes ao redor, o conhecimento da criança ocorre. E a afluência de novos conhecimentos, enraizada em seu ambiente social, caracteriza sua interação entre o que ela já sabe e o que está para aprender. Ambiente que lhe propicia, ainda, o desenvolvimento da consciência na realização dos seus processos mentais e o aprendizado de operações mentais específicas. Sua concepção sobre certas relações, conceitos, objetos 'refina-se' e a leva a (re)conceituar seus conhecimentos existentes. Pelas palavras de Gardner (1999: 65):

> Assim como o olho nunca inocente passa a ver o mundo de formas em mudança, as versões que constantemente a criança constrói influenciam de forma adicional e mudam as concepções dela, pelo menos enquanto lhe permitimos fazer isso.

Um dos ambientes em que a criança passará um bom tempo de seu viver é a escola. Em especial, na educação básica, que corresponde a 12 anos (dos anos iniciais ao final do ensino médio). Nos anos iniciais, o programa curricular é composto por matérias ou disciplinas; e cada uma delas dispõe de um conjunto de assuntos a serem ensinados. E esses assuntos, indicados em cada uma das matérias ou disciplinas, sob certa forma, estão presentes em muitas atividades realizadas pela criança ao brincar, ao conversar, ao resolver situações-problema que se apresentam em seu dia a dia.

O meio ambiente é rico em formas, tamanhos e cores; um cenário repleto de símbolos, signos e significados. Por exemplo: o clima produz efeitos físicos, químicos, biológicos, geológicos na natureza; as propagandas em diversos meios de comunicação trazem mensagens, utilizando-se de sinais, linguagens textual e/ou artística, entre outros; as brincadeiras infantis, em quase todos os momentos, requerem contar, comparar, classificar, medir, representar os mais diversos entes. E, ainda, os meios tecnológicos que a maioria já dispõe propiciam às crianças inteiração sobre o que acontece.

Esses conhecimentos informais da criança – sobre Ciências (artística, da natureza, sociais), Matemática e Linguagens – derivam de todos os aspectos desse seu meio circundante, de suas experiências diárias. Por recorrência, ela levará essas experiências à escola ao passar a frequentá-la. E, assim, esses conceitos intuitivos ou espontâneos da criança, na escola, podem tornar-se conceitos 'científicos' a ela se o método de ensino adotado considerar as concepções que já tem sobre o meio vivente.

Conforme Ostrower (1998), o senso criativo da criança manifesta-se em todo seu fazer solto, difuso, espontâneo, imaginativo: no brincar, no sonhar, no associar, no simbolizar, no fingir da realidade que no fundo não é senão o real. Isso significa que criar – parte de seu processo vivencial – contribui para a ampliação do seu conhecimento e da sua consciência. E a criação de símbolo ou objeto não deixa de ser um componente importante.

Para isso, os/as professores/as dos anos iniciais precisam atentar-se a essa questão e criar condições para que a criança vivencie o ambiente que a cerca, capacitando-a para fazer associações e transferências que possibilitem a aquisição de mecanismos interpretativos e formadores de conceitos e imagens em sua mente. A aprendizagem matemática nesta perspectiva depende de ações que caracterizam o 'fazer matemática': experimentar, interpretar, visualizar, induzir, conjeturar, abstrair, generalizar e, enfim, demonstrar e representar. Por exemplo, no ensino:

- das Ciências Naturais, nem sempre as crianças são levadas a fazer algum tipo de atividade experimental, de observação;
- da História, raramente os fatos são contextualizados mediante aspectos geográficos;
- das Ciências Artísticas, comumente restritas a desenhos, sem qualquer exposição das demais artes e de seus respectivos artistas (artes plásticas, artesanais, escultura, música, entre outras);
- da Matemática, por vezes dissociada da realidade da criança e, ainda, cumulativa de regras, na sequência dos conteúdos prescritos, leva a responder, de certo modo, às questões (em geral de aritmética) sem considerar as informações que ela já recebe do seu meio ambiente.

Essa forma tradicional de ensino contribui para que as crianças – estudantes dos anos iniciais – não percebam a importância desses assuntos escolares para suas diversas ações do seu dia a dia. No que se refere à Matemática, por exemplo, as crianças tendem a aplicar de forma superficial as 'regras' para resolver situações-problema, excluindo seu conhecimento informal. Isso porque a maioria não entende matematicamente uma situação-problema, nem o sentido dessa situação, pois não percebem aspectos familiares e pertinentes do seu contexto.

De acordo com os Parâmetros Curriculares Nacionais (PCN) (Brasil, 1997: 15 e 22), o "conhecimento matemático deve ser apresentado aos alunos como historicamente construído e em permanente evolução", pois propicia a cada um dos estudantes "compreensão do lugar que ele/ela tem no mundo". E, em relação às Ciências Naturais, a compreensão das questões ambientais, por exemplo, pressupõe um trabalho interdisciplinar em que a Matemática está inserida. E no ensino interdisciplinar são essenciais: a observação, a experimentação, a descrição dos fatos e das ocorrências de acordo com as condições geográficas, históricas, sociais, entre outras.

Na expectativa de propiciar na escola um ambiente de "querer saber" nos anos iniciais da educação básica e, em consonância com as orientações dos PCN, tenho defendido a Modelagem (model + agem = ação de fazer modelo) na educação. A ***Modelagem na educação*** é um método de "ensino com pesquisa". Vale sublinhar: pesquisa *não se limita* a 'buscar dados' – pois buscar dados é somente a primeira etapa de uma pesquisa –, mas abrange todo o processo de uma pesquisa.

Na/para educação, defino *Modelação nas Ciências, Linguagens e Matemática*. Para tanto, organizei este livro em duas partes, além desta apresentação e da conclusão – "Torcer, para encimar".

Na primeira parte, "Dos saberes essenciais no ensinar", apresento a síntese de teorias sobre *processo cognitivo, comunicação & linguagem, aprendizagem & ensino*. Esses três temas são, a meu ver, fundamentos primaciais a nós, professores. Sublinho, mais uma vez, que são sínteses. A literatura educacional tem ampla orientação e referências sobre esses temas. Concluo essa primeira parte sublinhando pontos que nos requerem estar atentos.

A segunda parte, "Modelagem na educação: da essência e do método", está dividida em duas subpartes: na primeira, "Da essência, método", apresento conceitos de modelagem e defino modelagem na educação – *modelação* e respectivas etapas do método; na segunda subparte, "Da modelação, essência", proponho cinco exemplos que o/a professor/a pode usar em sala de aula (ou ambiente apropriado na escola). Cada exemplo traz um passo a passo e sugestões que possam ser utilizados; e, ainda, comento sobre resultados apresentados pelos estudantes que participaram de algum desses projetos.

Vale sublinhar, só se aprende a construir, construindo; e sabemos pelo aprender. Se nós, professores, esperamos que nosso ensino 'conceba' aprendizagem às crianças, precisamos aprender para ensinar (a cada dia) e assim, ao ensinar, aquilatamos nosso saber

– 'saber aprender'. E, por este veio, num crescimento harmônico, vital, vamos melhor ensinar. A criança, quando passa a frequentar os anos iniciais na escola, já dispõe de um "saber culto", de acordo com as palavras de Max Scheler (1963: 125). E esse saber culto:

> É um saber que constitui uma segunda natureza, que não sabe como foi adquirido nem de onde foi tirado. É o que nutre seu espírito, forma sua contextura sem que ela recorde do momento em que recebeu nem a quem o deve. Com este saber culto ela cria novas ideias e incorpora as que já tem. Esse saber "nunca é um saber quantitativo", mas sim, é um "saber de salvação". E esse saber advém de um "crescimento harmônico, estrutural, vital e orgânico".

DOS SABERES ESSENCIAIS NO ENSINAR

Muitas das impressões da criança sobre arte parecem ser uma
parte natural do seu desenvolvimento cognitivo. Mesmo não a
ensinando, ela aprende que uma pintura não é realmente a coisa
que ela representa. E com o tempo a criança aprende a diferença
entre o canto de um pássaro e uma sinfonia.

Howard Gardner (1999)

Sentimos e também agimos. Esse sentir e agir que principia no processo gestacional nos acompanha por toda vida. Isso quer dizer que cada sensação e percepção que temos do meio geram em nossa mente imaginação, ideia e, muitas vezes, ação – re(ação). Fazem parte da sobrevivência. E ao buscarmos compreender, entender alguma dessas ideias a partir do que captamos do ambiente que nos circunda, tal percepção passa a ter significado e torna-se um 'modelo mental', conhecimento.

O modelo mental tende a se aprimorar à medida que nos é requerido; numa espécie de 'desdobramento', se tivermos que explicitá-lo a alguém por meio de palavras, gestos, desenhos, esquemas, dentre tantas formas de expressão. Esse processo, que ocorre desde os primeiros meses de nossas vidas, "trata-se de uma enorme tarefa de aprendizado, mas que é alcançada tão suavemente, tão inconscientemente, que sua imensa complexidade mal é percebida" (Sacks, 1995: 141).

A experiência no viver é inerente à nossa formação, de acordo com Habermas (1982). Muito do que conhecemos advém de forma natural a partir das atividades requeridas nesse viver. Conhecimentos que se aprimoram, de acordo com os estímulos e os ensinamentos recebidos por diversos meios de comunicação, bem como por meio das interações com outras pessoas e com todo meio vivente, utilizando-se das diversas linguagens, tanto de forma literal, quanto figurativa. De modo singular, daquelas que a natureza nos proporciona: formas, cores, texturas, cheiros, sejam dos seres vivos, sejam dos inanimados.

Em essência, o conhecimento depende do como *aprendemos*, em especial, pelos estímulos aos nossos processos: *cognitivo* e *comunicativo* através das *linguagens*. E "quanto mais articulada for a linguagem maior a chance de que a mensagem seja transmitida", comunicada e aprendida, como disse Gombrich (1986: 337). Aprendizagem – resultante da *comunicação*, da *linguagem,* do *ensino* e dos *contextos* em que estamos inseridos – incide em nosso desenvolvimento intelectual.

Fato é que desde o primeiro instante em que tomamos contato com o mundo externo ao do ventre materno, dispomos de um "saber vital", "saber de salvação", de acordo com Max Scheler (1963). Esse saber requerido à sobrevivência, às necessidades presentes, faz parte da natureza humana devido ao sistema cognitivo. Sistema que permite inteirarmo-nos desse mundo externo e, ao mesmo tempo, ser inteirado por ele, mediante *aprendizagem* que ocorre através de *ensino* que requer *comunicação, linguagem*. E como nos são inerentes, passamos a breves considerações sobre os temas: *processo cognitivo, comunicação & linguagem* e *aprendizagem & ensino*.

Espero que esses temas – base da modelagem no ensino de Ciências (da natureza e humanas) e Matemática das crianças dos *anos iniciais do ensino fundamental* na segunda parte deste livro – contribuam e valham aos professores mais importantes de toda a educação formal. Mais que tudo, que propiciem a esses/essas importantes professores/professoras a percepção de que a forma que ensinamos as crianças – em especial, por meio da escola e respectivos estrutura física e procedimentos metodológicos – vai repercutir na formação acadêmica delas nos anos seguintes.

DO PROCESSO COGNITIVO

> *Quando abrimos nossos olhos todas as manhãs, damos de cara*
> *com um mundo que passamos a vida aprendendo a ver. O mundo*
> *não nos é dado: construímos nosso mundo através da experiência,*
> *classificação, memória e reconhecimento incessantes.*
>
> Oliver Sacks (1995)

O saber de que dispomos, suscitado pelo instinto de sobrevivência, é em virtude do nosso sistema cognitivo. Isso significa que cada sensação ou percepção que temos do meio gera em nossa mente imaginação, ideia, que a partir da compreensão e do entendimento podem produzir um significado, um modelo mental, portanto, conhecimento. Conhecimento que se aprimora, se aquilata de acordo com as necessidades extrínsecas e intrínsecas que surgem em nosso viver.

O processo cognitivo perpassa pela sensação, pelo imaginar, pelo saber. Processo que ocorre mediante estímulos, em particular, "estímulos externos que atraem nossa atenção e contemplamos". Tais estímulos são captados pelos nossos órgãos dos sentidos, instigando nosso cérebro a criar uma *imagem* ante as informações que recebemos. "Consiste em alguma impressão ou qualidade aditiva distinguível da concepção", conforme dizeres do filósofo David Hume (1711-76).

O filósofo Immanuel Kant (1724-1804) (1995: 56) denominou esse processo de "faculdade do conhecimento espontâneo" e o dividiu em três estágios: a *apreensão* (*apprehensio*) do diverso da intuição – que requer intuição; a *compreensão,* isto é, a unidade sintética da consciência desse universo no conceito de um objeto (*apperceptio comprehensiva*) – que requer entendimento; e a *exposição* (*exhibitio*) do objeto correspondente a esse conceito de intuição – que requer juízo, julgamento.

Diversos pesquisadores da neurociência também dividem em três fases. Com base nas denominações de Kant, nominei e prescrevi estes estágios como: *Percepção e Apreensão*; *Compreensão e Explicitação*; e *Significação e Expressão* (cf. Biembengut, 2016: 103-4).

Fase 1: Percepção e Apreensão

Processo dinâmico e contínuo de *perceber* acontecimentos ou ideias que se misturam e se relacionam com as que temos, e em *apreender* o que a mente seleciona. A captação é realizada pelos sistemas: visual, auditivo, olfativo, palatal, tatilidade e, ainda, os sentidos que permitem a noção de profundidade, de equilíbrio, entre outros. A *percepção* é um complexo processo de 'captar' informações provenientes do próprio corpo ou meio circundante e de identificar, classificar. A *apreensão* é a primeira descrição do meio que nos cerca, das informações captadas, o que, por recorrência, propicia-nos ideias, reações e tomada de decisão.

Na criança, esse processo depende muito dos estímulos recebidos de progenitores, familiares, pessoas ao redor desde o nascimento. Estímulos que lhe proporcionará incorporar o "universo que a cerca", assimilar os diversos elementos de seu entorno, tais como: a musicalidade dos pássaros; os coloridos e as formas das plantas, das aves, dos insetos; os aromas das flores; os sabores dos frutos, dos alimentos diversos; os movimentos e os sons provocados pelo vento, pela chuva, pelas vozes. As crianças que possuem de nascença a totalidade dos sentidos vivem no espaço e no tempo – percebendo o mundo ao seu redor.

A percepção desse entorno propicia à criança *apreender* eventos e, assim, misturar, selecionar e relacionar com aqueles de que ela dispõe. Processo que se torna cada vez mais amplo à medida que esses sentidos são estimulados. E é a experiência que favorece à criança a conexão entre os sentidos, segundo Sacks (1995). Passamos a breves considerações sobre os *sistemas* que propiciam o "perceber e apreender o mundo", baseadas em Ratey (2002):

- **Sistema visual** é o que propicia acesso às formas, às cores, às texturas existentes na natureza; a captação do entorno e o delineamento de uma cena, um ambiente. Cada um de nós "vê o mundo de acordo com a constituição do nosso sistema visual". O sistema visual nos permite ultrapassar imagens apreendidas, levando-nos a conceber outras imagens e a aguçar o senso imaginativo e criativo.

- *Sistema auditivo* é a fonte de nossa interlocução e, especialmente, da linguagem, dos sons, das manifestações. É por meio da audição que nos inteiramos dos sons distintos: das folhas com ação do vento; dos grunhidos de certos animais; do canto de certos pássaros; dos movimentos das pessoas em seus entornos; das músicas, das vozes, dos ruídos diversos. Ruídos que em excesso podem nos dificultar a perceber o que está acontecendo. E, assim, dificultar a atenção, memória, aprendizagem cognitiva, estabilidade emocional ou qualquer outra função cerebral.

- *Sistema olfativo*, considerado o mais primitivo dos sentidos, processa os odores que entram pela narina no mesmo lado do cérebro – não há cruzamento para o outro lado, como a visão e a audição. Nem todos nós podemos detectar os cheiros. Se não formos expostos a certos aromas durante os primeiros anos do desenvolvimento, podemos perder a capacidade de reconhecê-los. Um cheiro é agradável ou não, depende de quais memórias associamos a ele. Certos aromas podem nos acalmar, estimular, ajudar a dormir ou influenciar os nossos hábitos alimentares. Essa rota rápida para o centro emocional do cérebro confere ao olfato seu poder de trazer à tona fortes memórias emocionais.

- *Sistema palatal*, em especial a percepção do sabor, depende do olfato em quase sua totalidade. À medida que "revolvemos o alimento com a língua, processamos informação a respeito da textura". Por meio da língua é possível perceber cinco tipos de sabores, embora o gosto advenha da combinação entre sabor e cheiro. A sensação do gosto agradável ou não pode ser favorecida pela visão.

- *Sistema do tato – tatilidade* é o que nos propicia conhecer o meio que nos cerca por meio do contato físico. E, ainda, faz parte de nosso processo comunicativo. Conforme Fouts (1998), "a gesticulação das mãos e da língua ficam inseparáveis para sempre quando falamos". Outro aspecto importante, "o sentido do tato influi no desenvolvimento e na expansão do cérebro mesmo depois de atingida a idade adulta". Pesquisas mostram que o contato tátil humano é essencial, em particular, em nossa trama comunicativa.

Percepção/apreensão é essencial fonte da criança no conhecer. É a que lhe proporcionará uma primeira interação do meio que a cerca e, ainda, a tomar decisões, "influenciadas pelas emoções, desejos e/ou intenções inconscientes", conforme George (1973: 51). O meio circundante é rico em formas, cores, texturas, sons, cheiros, sabores. Portanto, propicia à criança "um cenário mental" que a conduz, de acordo com Kovacs (1997), a roteiros de abstrações, visualizando situações, expressando ideias.

Isso nos leva a pôr maior atenção ao processo perceptivo/apreensivo de nossas crianças, estimulando e enriquecendo suas ideias sobre seu entorno: das imagens, dos sons, dos sabores, dos aromas, das formas das coisas ao redor.

Fase 2: Compreensão e Explicitação

A *compreensão*, processo contínuo em nossa mente, é uma forma intuitiva de expressar uma sensação. Ao sermos sensibilizados por algo 'percebido' do entorno, de imediato nossa mente busca assimilar e relacionar com algo conhecido ou começa a imaginar fatos, variegar cenas. Isto é, consiste em variar as observações percebidas – apreendidas de nosso entorno, presumir e, ainda, distinguir elementos essenciais daquilo que percebemos/apreendemos, buscando explicitar. É uma reação essencial no desenvolvimento senso-físico-cognitivo.

Nesse processo, às vezes, nosso cérebro compreende tais apreensões captadas de forma errada, "criando uma ilusão", ou as interpreta de modo equivocado. Conforme Sambrano e Steiner (2003), isso ocorre não por um processo consciente de tirar conclusão, mas sim pelo ensejo, empatia ou identificação. À medida que compreende, a mente busca explicitá-los, delineando símbolos ou fragmentos de símbolos que se tornam ou não conscientes. É um processo que envolve recognição de estímulos familiares e, ainda, uma linguagem na qual os códigos dos sentidos são traduzidos para poderem comunicar-se.

A magia desse processo vivenciado pela criança está na forma como sua mente seleciona, filtra e apreende os diversos elementos de seu ambiente e, assim, gera ideias, compreensão e explicitação. Vale frisar que cada "percepção fugaz", apreendida e explicitada na mente da criança, se não ficar registrada em sua memória, se desvanecerá. Isso requer especial atenção ao "universo" que podemos proporcionar à criança. Quanto mais oportunizá-la com elementos e cenários que instiguem suas apreensões e, por recorrência, as explicitações desses cenários, mais contribuímos para que ela conheça esse universo.

Fase 3: Significação e Expressão

Fase em que nossa mente traduz e expressa o que *apreendeu* → *explicitou*, por meio de símbolos e/ou modelos. Estas representações mentais – símbolos e/ou modelos – podem ser *internas* e *externas*.

• Representações internas ou *modelos mentais* são o que 'construímos' no sistema cognitivo sobre o meio em que vivemos – uma forma de sobrevivência. Por exemplo, as ideias que temos de coisas diversas, captadas em vários momentos, as representações ou imagens, os símbolos, os conceitos, enfim, o nosso saber.

- Representações externas são aquelas que conseguimos expressar ou produzir externamente, como pinturas, desenhos, esculturas, fotografias, objetos, maquetes, projetos, teorias etc. A representação externa não se restringe em expressar de forma plausível uma situação ou um contexto, mas em propiciar a outrem inteirar-se, contemplar, servir desta expressão – modelo.

Às vezes, porém, nossa mente capta as informações do entorno e as interpreta de maneira errada, nos levando a uma ilusão. Entrementes, "nada pode ser considerado como verdadeiro ou falso se for somente expresso na modalidade de possibilidade, ficcionalidade, imaginação, exemplificação, ou ainda, como uma mera questão", conforme Sambrano e Steiner (2003). Assim, quando isso ocorre, uma forma de 'corrigir' é por meio de dedução. Trata-se de um "ir e vir" entre as informações apreendidas das adjacências, do ambiente, e o esforço em melhor compreendê-las, significá-las.

Para a criança, o conhecimento é a resultante de como ela percebeu ↔ aprendeu e compreendeu ↔ explicitou algo de seu entorno. Conhecimento dela sobre algo que nós (pais, professores) podemos identificar por meio de seus dizeres, seus feitos, suas expressões. Expressões que podem ser explicitadas por diversas formas. Como:

- *oralidade* – no dizer, questionar, contar sobre suas ações, interesses, entornos;
- *comunicação* – com outras crianças, pessoas, animais do seu redor;
- *representação* – no escrever, desenhar, atuar;
- *atitude* – na convivência com familiares, crianças, colegas, animais de estimação.

Importa sublinhar que esse *conhecimento* não se limita apenas ao que está nas prescrições curriculares, mas especialmente, dessas prescrições; é um saber que lhe propicie ser melhor.

Das proposições, síntese

O processo cognitivo é, em essência, simbólico, pois forma modelos mentais do que apreendemos do percebido ↔ explicitamos do compreendido ↔ expressamos por meio de modelo do que nos mostrou significativo. Modelos mentais que nos levam a formar modelos externos. Modelos que 'carregam' sentimento, emoção, interesse e necessidade que temos no momento. Sentimento que influencia nossos modelos subsequentes, a partir dos modelos anteriores.

Nossos modelos (mentais ou externos) propiciam-nos, ao menos, dois tipos de reconhecimento: *interno* e *externo*, conforme Ratey (2002). Reconhecimento *interno* é uma espécie de 'estalo' – percepção repentina quando ouvimos uma música, sentimos certo aroma ou vemos uma pessoa conhecida, gerando ideias, emoção, cena, re(ação). E reconhecimento *externo*, que consciente em uma resposta correta ou conhecimento por dedução. Dedução advinda de ações cognitivas.

Para que haja esse reconhecimento, nossa mente busca as informações no "armazém da memória". E, de acordo com Sambrano e Steiner (2003), há quatro tipos de memória: (1ª) *recebe* as informações percebidas – apreendidas; (2ª) *armazena* na memória de curto prazo; (3ª) *filtra* e *permanece* na memória em largo prazo; (4ª) *apodera-se* na memória em longo prazo.

O fato é que, ao ouvirmos um som, nome de alguém ou mesmo quando sentimos um aroma, nossa mente de imediato verifica se já dispomos deste 'conhecimento' na memória em *largo* ou *longo prazo*. E, se sim, relaciona com o que existe e faz emergir nova imagem, novo significado – modelo mental. De igual forma, se nos deparamos com um som, uma palavra ou um conceito que desconhecemos, se nossa mente não encontra qualquer modelo mental a ser comparado, buscará explicitar ou descartar caso não haja interesse ou necessidade orgânica.

Nossa mente dispõe de um código especial "que como toda obra de imaginação e de fantasia, nos conecta com mais fluidez na parte do cérebro que tem de ver as emoções e motivações", disse Ratey (2002). Essa afirmação nos permite considerar que parte do que a criança *percebe – compreende – significa* dos conceitos, das ideias, das imagens permanece na sua memória, pelo menos por algum período. Graças à memória, essas ideias, imagens e/ou conceitos são mantidos e relembrados a cada necessidade, a cada nova experiência por associações. Processo que é reversível por um período, uma vez que depende de estímulos externos e internos.

Podemos, assim, considerar que o universo perceptivo da criança amplia-se em conformidade ao meio que a cerca, proporcionando-lhe ideias, conceitos e conhecimento. Conhecimento que floresce quanto mais eventos diferentes ou informações ela possa perceber ↔ apreender e, neste processo, quanto mais possa efetuar representações e expressá-las. Sejam essas representações dadas por meio dos símbolos e das mensagens, influenciados, principalmente, pelo estímulo externo, advindos dos meios ou processos de ensino ou transmissão de conhecimento.

DA COMUNICAÇÃO & LINGUAGEM

> *Primeiro, tateamos pela intenção que está por trás da comunicação;*
> *e a chave dessa intenção está em grande medida na maneira pela*
> *qual achamos que reagiríamos.*
>
> Gombrich (1986)

A comunicação é intrínseca a nós, em particular, e em quase toda espécie animal que necessita do outro para sobreviver. Comunicação que ocorre muitas vezes mediante um conjunto de sinais, denominado linguagem, expresso por meio da voz, dos gestos ou das expressões escritas – e *escrita*, aqui, refere-se a todo tipo de representação por meio de símbolos criados pelos seres humanos. "A linguagem humana, e respectivo contexto social em que esta aparece, gera um manifesto mental" que produz conhecimento, produz um mundo, conforme Maturana (2001). Conhecimento que se aprimora, em particular, pelas interações sociais e culturais, por meio da comunicação e da linguagem.

Para a criança, um dos seus primeiros momentos de comunicação ocorre ao nascer, como choro – uma reação natural ao primeiro contato com o ambiente fora do ventre materno, ao perceber/apreender alguns aspectos desse meio ambiente: os sons, o clima, os cheiros, as vozes. Apreensão do seu entorno que lhe propiciará outras tantas possíveis reações, a partir do seu estar, viver e constante aprender. Notável ao aprender as diversas linguagens e fazer uso tanto de forma literal quanto figurativa e, ainda, maravilhar-se com a natureza: as plantas, os animais, os minerais, enfim, todo o entorno com suas cores, suas formas, seus sons, seus cheiros.

Esse conhecimento depende dos estímulos e ensinamentos recebidos pela criança, bem como das suas interações com outras pessoas e com todo seu meio vivente. Conhecimento que depende, também, de como ela aprende a partir das linguagens e das formas de comunicação envolvidas no processo. E "quanto mais articulada for a linguagem, maior a chance de que a mensagem seja transmitida, comunicada, aprendida", segundo Gombrich (1986). Aprendizagem – resultante da *comunicação* e da *linguagem* no contexto criança – que incide no desenvolvimento cognitivo dela. Vamos às pontuações sobre os temas: *Da Comunicação – Linguagem* e *Da Linguagem – Comunicação*.

Da Comunicação – Linguagem

A comunicação é um processo dinâmico, mediado por linguagens entre "o ser individual e o social". E a criança neste "estar comunicativo", desde seus momentos iniciais fora do ventre materno, pouco a pouco, vai assimilando os diversos elementos físicos e sonoros de seu entorno: o que cada um representa simboliza, por assim dizer, abstrações. Abstrações que se mostram em suas brincadeiras, como: um pedaço de madeira funciona como um carrinho ou uma boneca simboliza uma criança.

De acordo com dizeres de Gombrich (1986), os conceitos abstratos representados se expressam na forma de símbolos, expressões ou modelos mentais. Modelos mentais que se aprimoram quanto mais apreciável for o entorno da criança. Entorno que lhe propicia captar e comunicar seu conhecimento das coisas, das pessoas e dos seus arredores.

Contribuem para esse universo de abstrações, propiciados à criança pelo seu ambiente: os complexos sonoros, as cores, os cheiros, os sabores, as texturas. Isto é, tudo que simboliza a experiência e as projeções da experiência para a criança, essencialmente o que lhe instiga a admirar e identificar os mais abstratos conceitos do universo que a cerca, assim, permitindo-lhe expressar suas ideias mediante a linguagem, seja esta por meio da fala, do canto, dos gestos, dos sinais, da escrita, em acordo aos dizeres de Gardner (1999).

Essa identificação (pessoas, animais, vegetações, objetos, alimentos, dentre outros) e respectivas denominações propiciam à criança o desenvolvimento de significados específicos para palavras e ideias e, por recorrência, instigam-na a se comunicar com seus entes por meio de alguma forma de linguagem. Processo crescente que a conduz a conexões entre suas ideias e a conceber seu mundo. A comunicação, ponto essencial nas inteirações da criança, lhe propicia aprender cada vez mais.

A interação entre suas representações internas (modelos mentais) e suas atividades no viver diário permite à criança requintar seus conceitos do meio que a circunda. É em contínua dinâmica de reelaborar conceitos, de comunicar suas ideias, cada vez mais sagaz e facilitada pela comunicação da criança com pessoas ao redor, que o conhecimento dela ocorre. E, no mesmo veio, as diferentes formas de linguagem passam a ser incorporadas pela criança, posto que ela aprende, em especial, a partir das convivências e das experiências a ela proporcionadas.

Essa convivência requer que a criança se expresse por meio de linguagem, por seu pensamento, seu querer, de tal forma que outra criança possa lhe compreender. Por exemplo, a partir da conversa, de uma prática social cotidiana. Momento que lhe propicia comunicar: dizer o que faz, quer ou espera de outrem (criança, pessoas familiares), dar princípio à relação de amizade, mediar suas atividades e/ou seus interesses, dar indícios de seu "acento pessoal".

O acento pessoal da criança é, mais uma vez, uma questão das relações, da interação com outras crianças e do meio que a circunda – meio que lhe propicia reações pessoais a partir do que percebe e apreende dos diversos elementos a seu redor, compreende e explicita os elementos dessa combinação. E, para tal, promove o uso das diferentes linguagens a fim de melhor se comunicar. Comunicação que lhe proporcione expressar suas ideias às outras crianças, às pessoas do seu convívio e, assim, apreender outras ideias e aprimorar seus conceitos.

Da Linguagem – Comunicação

Expressão audível e articulada do ser humano, pela palavra, pela escrita ou mediante sinais ou gestos, a linguagem propicia às pessoas exprimir suas ideias, sensações, conhecimentos, de acordo com os dicionários. É por meio da linguagem que damos uma ordenação simbólica ao mundo. Simbolismo ou "imagens criadas a partir de experiências prévias" que vêm "imbuídas na linguagem verbal", pelas palavras de Mariotti (2000: 227). Linguagem que permite a quem opera nela descrever-se a si mesmo e as suas circunstâncias, expressar e comunicar seu pensamento.

A linguagem constitui-se de um sistema de símbolos que expressa o pensamento por meio da palavra vocal ou escrita ou, ainda, pelos sinais e pelas representações diversas, conforme Herkovits (1963). Dispõe de uma estrutura regular e não aleatória e/ou eventual. Significa que há diferentes tipos de linguagem: oral, escrita, sinais, gestual, figurada; e ainda linguagem: algorítmica, auditiva, corporal, musical, de programação computacional, dentre tantas outras. Pelos dizeres de Herkovits (1963: 247):

> A linguagem oral como um sistema de símbolos vocais pode-se dividir em três partes: a primeira consiste em seus sons e constitui seu sistema fonêmico; a segunda é formada pelas combinações de sons em unidades de diferente significação – vocabulário; e a terceira, a forma que se combinam e recombinam as combinações de sons em unidades mais amplas – gramática.

Quando é requerida, a linguagem oral flui em "coordenações de conduta que surgem na convivência", conforme Maturana (2001). Isso significa que a linguagem se constitui quando requer uma comunicação, em particular, a partir da conversa cotidiana. E, nessa comunicação, implica expressar por meio da linguagem o pensamento de modo que outrem possa compreender.

Na mente, uma palavra evoca o seu conteúdo. Essa associação entre a palavra e o conteúdo pode se enriquecer na medida em que se liga a outros entes ou contextos, adentra por outros campos do saber, perpassa alterações quantitativas e qualitativas, estabelece símbolos, produzindo, assim, uma série de linguagens.

Valendo-nos das linguagens, realizadas em diferentes contextos, nos tem sido possível: criar estruturas, roteiros, objetos, técnicas, tecnologias; viajar no tempo e no espaço; discernir o passado e pressupor o futuro; e estabelecer, continuar e modificar a grande variedade de instituições culturais de natureza material e não material. Se uma ocorrência tem significação cultural é porque tem sentido no pensamento, na conduta e na interação com o outro.

Existem diferentes linguagens que nos permitem inteirar o meio ou expressar nossas mensagens, apresentar informações, orientações. Ilustram nossos entornos: as placas de sinalizações de rua, os semáforos, os mapas cartográficos ou meteorológicos, as fotografias. Não precisamos tomar conhecimento dos detalhes técnicos desse processo; basta-nos saber que uma "imagem simples e utilizável pode ser traduzida em unidades iguais, que tanto podem ser cheias como vazias" (Fange, 1971).

Mais ainda, podemos sublinhar: a *música* que nos permite "viajar no tempo", os *gestos* que trazem uma mensagem, a *"expressão do tempo"* que nos indica que teremos chuva, vento, calor, frio. Não importa em que meio estamos, tampouco em que fase do viver: a linguagem está incorporada ao nosso estar.

> A sabedoria cotidiana é ao mesmo tempo um conhecimento sensorial e sentimental que atualizamos em bloco, sem distingui-lo do contexto em que atuamos. [...] Neste contexto nasce o pensamento e ele deve retornar, integrando suas descobertas a uma pragmática do conhecimento. (Restrepo, 1990: 44)

Ao interagir com outras crianças e pessoas ao seu redor, a criança desencadeia certas modificações em sua linguagem, por meio de um processo espontâneo e reativo. E, de igual forma, em jovens e adultos, a linguagem não apenas descreve o que a criança espera transmitir, dizer, propor; mais ainda, ela 'carrega', 'traz' emoção, sentimentos que ela pretende transmitir a outra criança, pessoa, animal ou mesmo aos seus brinquedos.

Importante no aprimoramento dos saberes da criança, em especial pelas interações sociais, mediadas nas práticas culturais, a linguagem lhe propicia descrever e interpretar o meio que a rodeia e, mais ainda, a instiga a imaginar, compreender, extrapolar, dar sentido ao que está em seu entorno. E a linguagem escrita não apenas lhe proporciona codificar ou perpetuar sua fala, mas também a elaborar novos significados, a criar novas expressões. Em outros termos, a linguagem permite à criança expressar sua experiência, captada do entorno pelos seus órgãos dos sentidos e, ainda, da vivência e da interação com as pessoas e com o meio que a circunda (natureza, ambiente social e familiar).

A forma de comunicação da criança com as pessoas do seu convívio (familiares, colegas) e com os animais de estimação expressa relação entre a sua realidade e das respectivas linguagens de que ela se serve. As diferentes formas de linguagens lhe propiciam aquilatar sua aprendizagem, não apenas sobre elementos materiais, mais ainda, sobre bens que envolvem: cultura, conduta, interação com o outro, enfim, respeito com os diversos entes do seu viver. A comunicação, ao ser apreendida por outra criança, outra pessoa, instiga a: imaginar, compreender elementos do seu universo, identificar equivalência, expressar algo do meio que a circunda e, especialmente, a querer saber.

DA APRENDIZAGEM & ENSINO

A arte de ensinar é a arte de acordar a curiosidade natural nas mentes jovens, com o propósito de serem satisfeitas mais tarde.

Anatole France (1844-1924)

O aprender nos é inerente, essencial à nossa sobrevivência física, social, pessoal. Estamos de alguma forma sempre aprendendo. Como "uma transformação de nossa corporalidade, que segue um curso ou outro dependendo de nosso modo de viver", disse Maturana (2001: 20). Contribui com isso os meios de comunicação – cada vez mais inovadores e com extensos alcances –, que nos permitem acesso a uma multiplicidade de acontecimentos e de criações diversas, como: das técnicas e tecnologias, dos produtos e processos, das vivências e ações.

Aprendemos pela experiência, pela reação a algo do nosso estar, viver. Não há uma "linha definida" que nos permita saber *o que* e *quanto* sabemos, pois a aprendizagem ocorre quase de forma contínua. Nossa mente está em constante processo de apreender o que percebe, explicitar o que compreende e até expressar o significado de algo. Isso quer dizer que nossos modelos mentais passam por alterações ao longo de nosso viver – em constante desenvolvimento, não importa em que realidade vivemos, com quem convivemos, estamos sempre aprendendo; em particular, quando algo nos é requerido.

A criança aprende ao brincar, ao perceber, ao observar e sentir o mundo que a rodeia, seja qual for seu universo. De igual forma, ela aprende com os familiares e pelos encontros que realizam com outras crianças, colegas, amigos, pessoas do seu convívio. Inerente à criança, esse aprender deve-se à sua natural curiosidade – qualidade inata que a faz se inteirar do meio vivente. Essa qualidade, procedente de combinação genética própria, lhe permite ter características distintas das demais crianças.

Aprender suscita uma forma de ensino, instrução, orientação. O ensino ou a instrução pode se dar de diferentes maneiras: por meio de uma pessoa (progenitor, professor, instrutor), um vídeo, um material-guia escrito (manual), dentre outros. E, como dito anteriormente, aprendemos fazendo, em um processo nosso de tentativas. Tentativas que além de suscitar perseverança, muitas vezes requer de nós senso criativo. E se conseguimos alcançar tal intento, por vezes, em uma animação mútua, nos dispomos a ensinar. Do natural passo a passo do aprender a fazer, a lição que colhemos é a de que podemos ensinar.

Ensinar demanda comunicação e, para tanto, diferentes formas de linguagem são requeridas, como: oral, escrita, pictórica, sinais, entre outras. Linguagem que mostra o conhecimento que temos, assim como o estado do nosso saber-fazer, dos preceitos, das experiências. Ao ensinar, nos anunciamos.

Assim, ao nos predispormos a ensinar alguém, é salutar sabermos como nossos pronunciamentos são entendidos, quais sentidos ou significados produzem. Vale sublinhar que o processo educacional não se limita aos tópicos dos programas curriculares, mas acontece também pelos preceitos, exemplos e interações entre estudantes e demais profissionais da escola. Passamos às pontuações: *Da Aprendizagem → Ensino*; *Do Ensino → Aprendizagem*; *Da Aprendizagem ↔ Do Ensino*.

Da Aprendizagem → Ensino

Aprendizagem da criança sobre algum *saber*, *princípio*, *ente* do *conhecimento* depende das percepções – apreensões que ela tem sobre algo e que é levada a compreender mediada por seu processo cognitivo. É preciso explicitar sobre esse *princípio* e, então, modelar – significar. É uma aprendizagem que traz certa combinação entre realidade e imaginação, pelos dizeres de Piaget (1987). O que sobremaneira, além das resultantes genéticas, seu processo cognitivo traz o que *apreende* ↔ *compreende* ↔ *significa* de seu viver, por meio de estímulos externos recebidos das pessoas, dos meios comunicativos e do seu mundo familiar.

Não há um espectro definido sobre o quanto a criança sabe, o quanto ela aprendeu e o quanto aprenderá em todo viver. Fato é que a aprendizagem lhe será requerida sempre que uma necessidade aparecer. Seja essa necessidade intrínseca ou extrínseca. As necessidades *extrínsecas* das crianças são aquelas atendidas por elas (muitas vezes de forma passiva) quando solicitadas pelos familiares, professores, colegas. E as *intrínsecas* acontecem quando partem delas, quando se mostram interessadas, atentas.

A criança aprende no brincar. Muitas vezes, ela mesma produz ou compõe algo a partir dos objetos e espaços de que dispõe – o que a leva a aprender. Sua linguagem metafórica usada durante seu brincar nos permite identificar sua aprendizagem. Por exemplo, ao renomear certos objetos para valer como brinquedos ou, mesmo, dar nomes aos brinquedos.

Gardner (1999) distinguiu esse renomear em três categorias: *perceptual*, *ação* e *mescla de perceptual e ação*. E ele exemplificou: *perceptual*, ao renomear um pedaço de madeira como *carro*; *ação*, ao fazer esse pedaço de madeira, que chamou de carro, ser usado no brincar como carro; e *mescla*, entre percepção e ação: o pedaço de madeira utilizado como carro e renomeado dessa forma.

A aprendizagem da criança depende das "experiências a ela proporcionadas e das atividades por ela realizadas" no brincar. Portanto, quanto mais aguçarmos suas percepções visuais, auditivas, olfativas, gustativas, táteis, maiores serão os alcances que a criança terá na compreensão e na expressão de suas ideias, propostas. O êxito dela depende das novas experiências que possa vivenciar, em particular, na escola formal.

Esse aprendizado no brincar lhe propicia "fonte de conceitos" e, ainda, "poderosa força que direciona o seu desenvolvimento, determinando o destino de todo o seu desenvolvimento mental", conforme Araujo (2006: 27). Aprendizado que advém de meios e estilos diversos. Esses estilos de aprendizagem são representados em quatro categorias: visual (centrada na visualização); auditiva (centrada na audição); leitura/escrita (através de textos); e ativa (através do fazer).

A formação de conceitos envolve todo o processo cognitivo – da percepção à expressão –, a fim de que se possa solucionar situações-problema e tomar decisões. As tentativas de solucionar uma situação-problema, imaginar algo no seu brincar, combinar e recombinar entes do seu convívio para estabelecer um ambiente ou uma cena para se divertir proporcionarão às crianças o desenvolvimento de seu senso imaginativo, criativo, portanto, sua aprendizagem, seu saber.

Além disso, aprendizagem resulta da interação da criança com outras crianças, dos meios e dos objetos com os quais ela percebe e apreende do seu entorno, da maneira como compreende e expressa seu entendimento – gerando seus modelos mentais. Assim, se ela descobrir uma linguagem que melhor lhe faça sentido, aprenderá, ainda, a relacionar esta com outras situações que venha a vivenciar. Em especial, ao se dar conta do elo entre o contexto e a linguagem, das múltiplas significações e possibilidades.

Nessa era da "tecnologia virtual", é propício fazer uso dos meios que a criança tem à disposição e de que ela gosta, a fim de estimulá-la a aprender, a compartilhar, a contribuir. Mais que tudo, levar a criança a "perceber a singularidade" de que "aprender é sempre aprender com outros", ter interesse e responsabilidade mútua, uma vez que "as estruturas de pensamento não são mais do que relações entre corpos que se interiorizaram, afeições que, ao se tornarem estáveis, nos impõem certo modelo de fechamento ou de abertura diante do mundo", de acordo com as palavras de Restrepo (1990).

Suas expressões, seus fazeres, dos mais elementares aos mais criativos, exprimem se a criança aprendeu. Aprendizagem em função da experiência vivida, do ensino sistemático ou não, por meio dos familiares, dos educadores e, ainda, das trocas entre outras crianças e por intermédio dos diversos meios tecnológicos e de comunicação. Para a criança, o aprender se dá continuamente, à medida que ela forma seus conceitos: identificando os entes com os quais convive, diferenciando-os, categorizando-os, significando-os. Conhecimento que provém de fontes múltiplas, como as prescritas nos programas curriculares da educação básica.

Do Ensino → Aprendizagem

Aprender suscita ensino – "forma sistemática de transmitir conhecimentos", conforme os dicionários. Ensinar, não obstante, requer método para que o outro aprenda, requer comunicação. No sistema escolar, muitas vezes, a educação é utilizada como sinônimo de ensino. Educação, em sentido mais restrito, limita seu uso aos processos de "aprendizagem dirigida" que têm lugar em tempos específicos, por períodos definidos e por pessoas, especialmente, preparadas para essa tarefa. Isso confere à educação o significado de *ensino*.

Nos tempos atuais, a maioria das crianças ingressa em alguma escola ou creche já nos seus primeiros anos. Muitas dessas escolas ou mesmo creches dispõem de uma estrutura que propicia às crianças, além de brincar e conviver, a alfabetização. Esse conviver das crianças na escola ou na creche promove não apenas a interação com o meio físico, mas também que elas sintam-se como parte de um grupo. E este estar social é importante à percepção de cada uma delas sobre o meio em que está inserida – o seu universo.

Muito do aprender da criança nesse universo pré-escolar se dará em seu estar↔fazer↔viver, quando ela interagir com seu meio físico e social. A aprendizagem das novas vivências acontece a partir das anteriores. Um sinal distintivo é que essas crianças, ao findar essa etapa pré-escolar, dispõem de certo conhecimento em relação: à leitura e à escrita; ao ambiente físico, biológico e social; às formas geométricas e às operações numéricas (matemática); e, ainda, ao manuseio de alguns equipamentos, como televisão e telefone celular.

Assim, ao adentrar os anos iniciais escolares, a criança traz conhecimentos múltiplos adquiridos tanto no seu convívio familiar, quanto das escolas e/ou creches, das quais passou a fazer parte nos primeiros anos de vida. Esse saber da criança não nos permite negligenciá-lo. O alcance de muitos desses saberes exigiu dela certo esforço, participação ativa, empenho e, especialmente, necessidade de aprender. Aprender a perceber os diversos entes que envolvem ou subsidiam este conhecimento, os signos e as imagens que geram em sua mente. Esse conhecimento que a criança traz do seu estar serve de base para que ela aprenda melhor os assuntos/temas que fazem parte do programa curricular.

Da Aprendizagem ↔ Do Ensino

Nos anos iniciais (1º ao 5º), o ensino escolar visa complementar os conhecimentos que as crianças dispõem e enunciar relações entre os diversos campos das Ciências (artística, da natureza, sociais), da Matemática e das Linguagens que lhes propiciem saber e compreender. Mais que tudo, que elas se interessem por um desses saberes e, assim, se empenhem para compreender mais e melhor e, quem sabe, descobrir o que querem 'ser' na fase adulta. Trata-se de um processo cuja função é preparar as crianças para etapas posteriores da educação básica e, de acordo com os requisitos específicos, ser parte substancial para que lhes permita escolher algo que queiram fazer/atuar, melhor saber.

A maioria das escolas ainda segue um modelo preexistente que contribui para a continuidade de um ensino fragmentado, por meio do qual se espera que o estudante, mesmo nos anos iniciais, consiga apreender todos os fragmentos de saberes e disponha de um conhecimento geral, integrado. Conhecimento geral que muitos professores não têm – caracterizando, nesse cenário, que o *único gênio* é o estudante, o que contribui para que mudanças não aconteçam.

A criança está inserida no conhecer e no fazer das coisas. Contudo, a preocupação com regras e convenções, a sua adaptação ao ambiente com horários específicos e programas curriculares – tudo isso não permite que haja tempo disponível para estimular seu talento criativo e imaginativo. É preciso que os/as professores/professoras repensem/ revisem seus procedimentos metodológicos. Como o querer saber faz parte da natureza das crianças nos anos iniciais, o ensino dos tópicos curriculares precisa ser apreendido/compreendido por elas a partir das ideias, do conhecimento informal que elas têm.

A escola deve propiciar a essas crianças conhecimentos gerais de forma integrada e habilidades para que incorporem tais saberes às suas atividades fora da estrutura escolar. São necessários sensos críticos e criativos nas soluções de questões relativas às necessidades de seus estares/viveres. Sua aprendizagem vai depender dos meios e dos processos ou métodos de ensino; processos que lhes instiguem a pensar, a se apropriar dos diversos elementos/conhecimentos requeridos neste aprender: dos princípios e dos conceitos, da origem e da aplicação, da linguagem e da formulação.

Os procedimentos metodológicos para que as crianças aprendam requerem variações, como: comunicação, diálogo, atividade em grupo, expressão. E mais: saber ouvir, saber expor, saber perguntar, saber responder, saber respeitar umas às outras. Um saber contínuo, adquirir e transmitir conhecimento. Para dimensão/amplitude, depende-se dos recursos da escola disponíveis às crianças e, de modo singular, dos "substratos educacionais" dos professores na promoção de conhecimentos.

Não há um único modo de ensinar nessa fase escolar fugaz, mas fundamental, da aprendizagem das crianças. Nessa fase, a aprendizagem deve propiciar às crianças saber fazer uso de conhecimentos 'formais' apreendidos, levando-as a conceber outros conceitos, estimulando-as à associação de ideias, a entender o mundo ao seu redor e, ainda, a saber representar – modelar por meio de símbolos os entes ou artefatos que elas observam e por que se interessam.

Ensinar às crianças os tópicos de cada uma das 'áreas' do programa curricular requer dos/das professores/as identificar, primeiro, o que elas já sabem a respeito do assunto/tema e, depois, complementar. Cada conceito, cada tópico, precisa fazer sentido às crianças. E sabemos se está ou não fazendo sentido pelas suas expressões: *seja* pelas fisionomias (se estão ou não atentas), *seja* pelas questões e/ou respostas/comentários. Ao levantarmos *o que* e *como* conhecem determinado tema, anunciar, é possível saber como elas situam, por exemplo, conceitos abstratos, as relações entre estes, as sequências causais, entre outros.

As expressões das crianças nos valem como guias no ensinar: *como*, *quando* e *por quanto tempo* cada tópico do programa será desenvolvido, quais atividades serão propostas durante e após as aulas etc. Em outros termos, as formas pelas quais as crianças se expressam nos permitem saber como guiá-las nos anos iniciais, de tal modo que elas possam, gradativamente, se apropriar do conhecimento, saber utilizá-lo fora dos limites escolares em seu viver e, pouco a pouco, descobrir do que mais gostam, e querem saber mais.

Saber essencial para identificarmos inclusive possíveis limitações de compreensão de algumas delas; o que nos conduz a repensar, a inovar as atividades a serem propostas. Noutros termos, fazer das diretrizes assinaladas pelas crianças um guia, uma experiência que nos predisponha a sempre aprender no ensinar.

Ensinar com esse fim – que os primeiros anos escolares propiciem à criança *querer saber* – requer de nós, professores, ultrapassar os limites de expor conteúdos prescritos nos programas curriculares. Especialmente, demanda a utilização de métodos de ensino que propiciem às crianças descobrir o que mais lhes interessa, lhes motiva a saber mais.

Na estrutura curricular, algumas disciplinas apresentam-se disjuntas e, em geral, são tratadas sem qualquer vínculo. Por exemplo, Matemática e Desenho, Matemática e Linguagem, Matemática e Ciências da Natureza são disciplinas disjuntas. Nos anos iniciais, muitas vezes, na disciplina de Desenho, as atividades são lúdicas, na de Matemática a ênfase é em aritmética e raramente em geometria; nas de Ciências Sociais (História e Geografia), há um conjunto de informações sem contextualização com o entorno, sem relacionar com o viver das crianças, assim por diante.

O ensino de Matemática, em geral, faz a criança responder de modo preestabelecido às questões específicas (em geral de aritmética), sem considerar a quantidade de informações que ela já recebe do mundo exterior – *espaços*, *formas*, *tonalidades*, *tecnologias* que cada uma delas vivencia –, tampouco suas capacidades singulares. E o ensino das Ciências Sociais (História, Geografia) e da Natureza (Biologia, Física e Química), comumente, se dá com questões pontuais cujas respostas são identificadas no livro-texto ou material didático e transcritas em um processo autômato, sem refletir sobre as respostas.

Essa forma de ensino contribui com a passividade e a inibição das crianças no entendimento e na solução de questões efetivamente significativas. Passividade que se torna obstáculo e as inibe a aprender, em particular, Matemática e Ciências da Natureza. Assim, se o ensino restringir-se a expor os tópicos do programa, sem mesmo nós, professores, estarmos convencidos sobre o que esses conceitos representam, importam, como se aplicam, será inútil tentar ensiná-las.

É pertinente sublinhar que as crianças dos anos iniciais já dispõem de muito conhecimento informal ou intuitivo de Ciências, Matemática e Artes que pode servir de base no aprimoramento desses conceitos tidos como científicos. E esse conhecimento intuitivo precisa ser considerado. Outro aspecto: a criança usa sua imaginação e, a partir dos meios, a torna ação. Assim, o talento nato das crianças não pode ser negligenciado.

No ensino de Matemática ou Ciências, por exemplo, não nos basta apresentar a ideia imbuída no conceito (matemático, biológico, físico, químico, geográfico, histórico). Muitos desses conceitos necessitam ser contextualizados para a criança, seja por meio de atividades experimentais, seja através de documentários em vídeo, entre outras formas. E as artes manuais contribuem para o estímulo do talento criativo.

Talento esse que emerge, por exemplo, quando a criança procura transformar materiais (como sucata) em objetos úteis ou decorativos. Vale salientar que as artes manuais demandam imaginação. Ao desenhar, a criança exercita sua imaginação. Cada traço, forma, cor usados tendem a revelar como a criança associa suas ideias, dá existência a algo.

Precisamos lembrar que um conceito em nossa mente (matemático, geográfico, histórico, biológico, dentre outros) surge da ideia que já temos, relacionada a outras de que já dispomos. Portanto, ao levar as crianças a raciocinar, por exemplo, sobre "técnicas matemáticas" ou "fatos históricos" sem um contexto, contribuímos para que estes conceitos se tornem obstáculos a elas. E sem horizonte, tais crianças vão registrar as operações matemáticas de forma mecânica, os fatos históricos sem sentido e, desse modo, vão esquecer tudo assim que não forem mais requeridos, uma vez que não aprenderam; portanto, sem conhecimento.

Conceitos incorporados sem qualquer sentido, constituídos por elementos díspares, revelam uma extensão difusa e não direcionada ao significado. E, consequentemente, tais conceitos expressam-se confusos, vazios e não se atrelam à linguagem do contexto das crianças. A Matemática, por exemplo, ensinada somente como regras prontas, fora do contexto, muitas vezes é memorizada pelas crianças como um código de obediência sem nenhum sentido. De igual forma, as Ciências Sociais e as Artes.

Para proporcionar aprendizagem às crianças dos anos iniciais, o ensino precisa revelar os meios pelos quais elas possam dispor do conceito e, ainda, saber ler, compreender e interpretar as ideias, os conceitos, as proposições. O que, de certa forma, depende do 'cenário' que lhes proporcionamos: do contexto gráfico, dos sons, das cores, das diferentes texturas e formas. Cenários e contextos que abrangem as Ciências da Natureza (Física, Química, Biologia), as Ciências Sociais (História, Geografia), as Artes (escultura, música, pintura, representação), a Matemática (números, formas, medidas).

Aprender os diversos tópicos propostos no programa curricular requer um ensino que lhes propicie saber fazer uso do conhecimento quando necessitarem. Pressupõe o desenvolvimento dos conceitos, dos significados, das capacidades de comparar e diferenciar. A aprendizagem deve ser facilitada ao ensinarmos um novo conceito, mostrando às crianças a relação do novo com aqueles que já lhes são familiares, associando à imagem, à inferência, à tendência etc.

Desse modo, é pertinente utilizarmos toda gama de linguagem e comunicação para propiciar aprendizagem às crianças. Se as crianças dos anos iniciais recebem algum conhecimento, sem que sejam feitas conexões entre a linguagem e a comunicação de que elas dispõem do seu meio vivente, essa linguagem formal ou requerida acaba por levá-las a diferentes estruturas conceituais e a possíveis efeitos cognitivos difusos.

Para evitar efeitos difusos, precisamos saber como apresentar ideias que facilitem às crianças dos anos iniciais compreender os símbolos (matemáticos, químicos, físicos etc.) e o que eles representam. Embora o processo de aprendizado siga a sua própria ordem lógica, precisamos despertar na mente das crianças a observação e as respectivas leis de desenvolvimento perceptivo delas, estimulando-as por meio de situações que as guiem para esse aprendizado – conhecimento essencial às suas ações em seu estar, seu viver.

DO PRIMEIRO PONTO FINAL, ENTÃO PROSSEGUIR

A sabedoria no ensinar está em saber ouvir, saber aceitar, saber orientar. E, ainda mais, estar atenta ao que tem e não ao que quer ter.

O propósito das Ciências (artística, da natureza e sociais) e da Matemática nos anos iniciais é propiciar às crianças não apenas identificar, memorizar o que existe, mas também: *compreender, descrever, predizer, respeitar* e, então, contribuir, aprimorar. Para que as crianças aprendam alguns temas das Ciências, a observação e a contemplação do ambiente – pessoas, natureza, obras arquitetônicas, artes diversas – são essenciais para que possam, além de apreciá-las, também descrevê-las. Essa descrição dos elementos ou dos fatos que observam e certa quantificação lhes propiciarão meio para "ordenar estes fatos e melhor inteirar-se deles".

> A ciência é sempre um equilíbrio entre a observação e o experimento, pois a primeira é a coleta empírica dos fatos; e o segundo, raciocinar sobre esses fatos e a sua manipulação, visando obter maiores conhecimentos. Envolve também a observação sob condição experimental controlada. A razão se amplia na experimentação, mas está enraizada na observação. (Bachrach, 1971: 29)

Então, ensinar as crianças dos anos iniciais da educação básica a observar seu entorno, a perceber e apreender o que existe, a refletir sobre o que precisa ser melhorado, contemplado, respeitado, permite-nos promover salutar ensino, com consequente atitudes delas em relação ao todo vivente. O ensino das crianças dos anos iniciais deve considerar o conhecimento que elas já dispõem, suas vivências e orientações familiares. E, a partir desse saber, nós, professores, devemos proporcionar-lhes conhecimento que permita a cada uma delas *ser* ↔ *estar* ↔ *ocupar* ↔ *contribuir* para a sociedade, a vida, o universo.

As crianças têm necessidade intrínseca de aprender. Atualmente, com diversos meios tecnológicos à disposição delas, os quais, muitas vezes, manipulam com primazia, é possível dispor do conhecimento e ter tais meios como apoio no processo de ensino. E o uso da tecnologia como apoio no ensino de conteúdos formais do programa curricular pode resultar em melhor aprendizagem.

Que nós, professores dos anos iniciais, saibamos propiciar às crianças conhecimento. Conhecimento que valha a cada uma delas descobrir o que mais interessa saber; saber que se aprimora por meio do fazer ↔ experienciar. Um *ensino* que lhes permita *aprender* por meio das atividades: inteirando-se dos fatos, das situações que lhes interessam; fazendo associações; compartilhando ideias advindas dessas atividades com os colegas e, assim, instigando seus sensos criativos e críticos.

Esse compartilhar ideias, sem dúvida, muito mais que uma 'regra' com fim avaliativo, pode propiciar às crianças a percepção do quão são capazes de realizar as tarefas propostas, inclusive em suas atividades fora do ambiente escolar. Assim, animá-las a expressar ideias ou apresentar sugestões pode instigar ainda mais seus sensos criativos.

MODELAGEM NA EDUCAÇÃO: DA ESSÊNCIA E DO MÉTODO

O conhecimento que tem mais valor na Educação não é o que mais vale em si mesmo, mas sim, o que mais contribui para formar uma mente clara, mais que a vida atual exige.

Hebert Spencer (1963: 136)

A criança da era digital, ao passar a frequentar os anos iniciais da educação básica, já tem um conjunto de saberes sobre seu meio vivente devido às suas interações sociais. Códigos, símbolos, enfim, tudo que requer interação e comunicação, essas crianças já têm domínio suficiente. Interações sociais que iniciam em seus primeiros anos de vida para significativa parcela de crianças.

Nas últimas três décadas, boa parte das mulheres passou a atuar profissionalmente, o que ocasionou que muitas crianças – filhos/as dessas mulheres/mães – passassem a frequentar escolas e/ou creches nos seus primeiros anos de vida. Assim, a interação da criança com outras e com os/as 'professores'/'professoras' levou-a a entrar em contato com outros saberes, além daqueles prescritos nos programas curriculares.

Nos anos iniciais da educação básica, a criança leva, então, à escola saberes advindos de aspectos do seu meio circundante, das suas experiências diárias. E tais saberes podem se aprimorar na escola, desde que os procedimentos didáticos proporcionem à criança um 'quadro' menos abstrato das concepções primeiras que ela traz. Ou seja, que no ensino, o/a professor/a considere seus conceitos intuitivos e, então, lhe apresente uma nova forma de expressar o que ela já sabe sobre o meio circundante.

Estudos mostram que a criança, ao longo dos anos iniciais do ensino fundamental, tende a aplicar de forma superficial os conceitos a ela ensinados, excluindo seu conhecimento informal. No que diz respeito à Matemática, por exemplo, a criança não entende uma situação-problema, nem o sentido dessa situação, ignorando aspectos familiares pertinentes e plausíveis de seu contexto. Contribuem para isso as convicções de alguns professores sobre os objetivos do ensino de Matemática e, ainda, a adoção de práticas de ensino que não fazem uso da linguagem matemática para interpretar diversas situações que rodeiam a criança.

Desse modo, utilizar situações cotidianas pode contribuir para melhorar a formação do conhecimento da criança em qualquer fase da escolaridade, tais como: identificar, descrever, comparar e classificar os objetos e coisas ao redor; visualizar e representar os mais diversos entes; representar e resolver situações-problema e, especialmente, melhor compreender os que a rodeiam. Afinal, a criança tem ampla gama de conhecimentos e experiências anteriores. Cabe aos/às professores/as dos anos iniciais identificar tais conhecimentos e, a partir de um procedimento condizente, levá-la à aprendizagem em um ambiente favorável socialmente.

Diversas pesquisas que têm como fonte as práticas de sala de aula reconhecem a importância da interseção entre o conhecimento formal – que faz parte dos programas curriculares – e o conhecimento de que a criança dispõe: as influências e os padrões de interação social e cultural. Dentre essas pesquisas, a que eu realizei por mais de uma década, usando a Modelagem como método de ensino nos anos iniciais – Modelação.

Os dados da pesquisa que realizei foram obtidos por meio de professoras dos anos iniciais, sob minha orientação, utilizando alguns modelos para desenvolver com as crianças em sala de aula, durante o período letivo. Centenas de crianças participaram desses projetos. As professoras constataram que as crianças, quando levadas a buscar meios para solucionar uma situação-problema e analisar suas próprias ideias para solucioná-la, aprimoraram seus processos cognitivos e suas habilidades requeridas. E, assim, apresentaram resultados melhores em comparação com as crianças que aprenderam sem essa forma de abordar as Ciências, a Matemática e as Linguagens de maneira integrada na resolução e/ou produção de algo.

A pesquisa mostrou, ainda, que essas crianças dos anos iniciais – além de compartilhar seus pensamentos, suas ideias eficazmente umas com as outras – aprenderam mais e melhor Ciências (artística, da natureza, sociais), Matemática e as Linguagens no âmbito escolar. E, sem dúvida, a modelagem na educação – *modelação*, mais ou menos explícita nos documentos oficiais educacionais como os PCN e as Propostas Pedagógicas de vários estados brasileiros – valida essa defesa.

Como processo ou método de ensino, a *Modelação nas Ciências, Linguagens e Matemática* nos anos iniciais visa não somente motivar a criança com contextos diários, mas também criar condições para que ela aprenda a pesquisar e, assim, melhor compreender o significado do que está estudando. Uma vez que as atividades envolvidas no processo buscam levar a criança a entender uma situação ou um contexto e a conhecer linguagens da Matemática e das Ciências que lhe permitam descrever, representar, resolver uma situação ou um assunto de seu contexto e interpretar/validar o resultado dentro desse contexto.

Conforme Maturana e Varela (2001), cada pessoa processa a informação que percebe de um modo, de acordo com as suas próprias funções. Na realização de qualquer atividade, é requerida da pessoa uma série de procedimentos, que começa pela cuidadosa observação da situação a ser realizada, depois pela interpretação e pela representação do que realizou. A resultante desse processo cognitivo leva uma pessoa a dispor de concepções sobre os mais diversos entes do meio que a cerca.

Essa afirmação dos autores impulsiona-me, ainda mais, a seguir pela *Modelação*: etapas que propiciam a cada criança, estudante dos anos iniciais, a querer melhor saber sobre algo do seu meio circundante, seu universo. O que depende dos/das professores/professoras. Na expectativa de motivar os importantes professores/professoras, esta segunda parte está dividida em duas.

- Na *primeira*, "Da essência, método", apresento conceitos e a definição de *modelagem na educação – modelação* e detalho o método: *o que*, *como*, *quando*, *quanto* ensinar e aprender.
- Na *segunda parte*, "Da modelação, essência", exponho cinco propostas/exemplos de modelação. Em cada uma das propostas, comento sobre as diversas aplicações possíveis em sala de aula.

Minha expectativa é de que a essência da modelação, por meio dessas cinco propostas/exemplos, provoque as disposições sensíveis das crianças dos anos iniciais, no sutil cotidiano da sala de aula, nas interações entre elas e com seus familiares. E que nesse instante fugaz, a modelação/modelagem na educação permita às crianças descobrir sobre *o que* querem melhor apreender, saber, fazer, *ser*.

DA ESSÊNCIA, MÉTODO

A fonte do saber não tem um ponto preciso,
mas sim um desejo provocativo.

No dia a dia, a criança recebe muitas informações, de várias formas e por vários meios, captados pelos órgãos dos sentidos. Boa parte dessas captações, contudo, é retida na memória por certo tempo ou é descartada. Depende do interesse, a mente aprende. "O interesse permeia qualquer esforço e vem antes da aprendizagem", disse Wurman

(1991: 146). Conforme o grau de interesse que se tem sobre alguma coisa, a aprendizagem – conhecimento adquirido – é armazenada em uma memória de curto, médio ou longo prazo.

Assim, se a criança for incitada a explicitar a outra criança ou pessoa certa informação captada, a esclarecer seu entendimento sobre o que captou, a expressar suas ideias a outrem, a aprendizagem dela se aprimora. Especialmente se for instigada por outra criança ou pessoa a fazer sugestões ou a querer melhor entender. E nessa tentativa de fazer outra criança ou colega entender o que ela diz, a aprendizagem ocorre para ela mesma e também para quem a ouve e/ou capta a informação.

Nesse processo de ativa aprendizagem, a criança 'constrói' suas próprias realidades por meio de ações e interações em seu universo físico e social. Aprendizagem que depende desse universo, sobretudo das pessoas do seu entorno: *o que*, *como*, *quanto* lhe proporciona. O aprender se dá à medida que a criança busca descobrir como funciona e por quê. E, se mediada por diálogo, a aprendizagem aprimora-se. Quando as crianças se unem a outras, em grupo, elas buscam identificar os diversos aspectos sociais, culturais, artísticos, tecnológicos relacionados àquilo sobre o qual conversam.

Vale sublinhar que a criança, nos seus primeiros anos, quando dispõe de qualquer objeto que lhe permita riscar, ela fará uso deste para registrar sua *percepção* sobre o que captou sua atenção, ela irá expressar algo que lhe faça sentido. Seus rabiscos/desenhos expressam suas *apreensões* sobre seu entorno, sobre sua vivência. Isso ocorre graças ao processo cognitivo – os cinco órgãos dos sentidos que clamam atenção para os sons, as cores, os cheiros, as texturas, as imagens, os sabores.

Os elementos de seu entorno afloram sua curiosidade natural e conduzem a criança às representações – modelos mentais. E, de forma natural, a criança tenta expressar ou representar esses "modelos mentais" em modelo externo – desenho. A expressão por meio do desenho, mesmo rabiscos, é natural à maioria das crianças. Elas sempre buscam *modelar* diversas ações, ou relações com objetos físicos, em particular, através de desenhos. Suas apreensões e/ou experiências servem como fonte de recurso aos docentes dos anos iniciais no ensino de conteúdos curriculares.

Nesse sentido, a linguagem metafórica produzida e apreciada pelas crianças não deixa de ser um modelo mental. E muitos desses modelos mentais a criança expressa por meio de "modelos físicos" – expressões realizadas em desenhos, representações gráficas, esculturas, maquetes. Como exemplificou Gardner (1999), a criança, ao renomear um objeto com base em uma semelhança perceptual (por exemplo, um lápis renomeado como um foguete espacial), representa no modelo físico: lápis como se fosse um foguete.

Esse modelo físico (lápis/foguete) é baseado em uma "combinação de percepção e de ação". Tal exemplo permite-nos identificar em nosso estar muitos outros modelos mentais de que um dia dispomos e como eles se modificaram ao longo dos tempos. Modelos mentais que se modificam, aprimoram-se ou, ainda, que nossa mente descarta. O conhecimento é resultante do processo cognitivo.

Com base nas fases desse processo cognitivo, prescrevi um método de ensino e aprendizagem na escola formal a partir dos *anos iniciais da educação básica*. Esse método – modelagem na educação – *modelação* é um guia para o/a professor/a ensinar os conteúdos do programa curricular (e não curricular) das Ciências (artísticas, da natureza, sociais), Matemática e Linguagens de forma integrada. Nesta explicitação, apresento, também, as respectivas orientações, indicações requeridas ao/à professor/a nas diversas etapas.

Modelação: do método, essência

A modelagem na educação dos anos iniciais – *modelação* – é um método para o ensino do conteúdo curricular a partir de um *tema/assunto* e, paralelamente, a orientação das crianças à pesquisa sobre algo mais desse *tema* que lhes possa interessar. *Modelação* é um método de ensino que se utiliza da essência da *modelagem* em cursos regulares (com programa curricular definido, horário, tempo). Prescrevi a modelagem na educação em 1990 para o ensino de Matemática na educação básica (6º aos 9º anos e ensino médio). A definição do método passou por alterações em 1997 (incluindo o ensino superior) e, depois de outras complementações, em 2016, prescrevi como método de ensino nas Ciências e na Matemática. A essência da *modelação* é propiciar à criança fazer pesquisa ao mesmo tempo que aprende os conteúdos curriculares (e não curriculares) integralmente. Pesquisa aqui não no sentido de "buscar dados, informações". Afinal, buscar dados é uma das diversas etapas do processo da pesquisa (Biembengut, 2014, 2016).

Nos anos iniciais (do 1º ao 5º), a *modelação* propicia a cada criança:

- inteirar-se de uma situação e respectivo contexto;
- conhecer os conceitos e as linguagens envolvidas, incluídas as da Matemática e/ou das Ciências (artísticas, da natureza e sociais), que lhe permitam descrever, representar, resolver a situação;
- interpretar/validar o resultado dentro deste contexto: *aprender a arte de modelar – pesquisar*;
- perceber que esses conteúdos então aprendidos lhe valham como fundamentos para seus fazeres além dos limites escolares.

Para fazer uso da modelação, o/a professor/a escolhe um *tema/ assunto* que permita às crianças perpassarem as etapas de uma pesquisa (para chegar a um modelo) e que lhes requeira aprender algum (ou todos) conteúdo(s) do programa curricular. Pode ser aplicada por um período curto, ou por um bimestre, semestre ou, ainda, durante todo ano letivo. Assim, devem-se preparar as aulas de tal forma que as crianças aprendam os conteúdos e, ao mesmo tempo, a modelar. O tempo para fazer uso da modelação como método depende da experiência. Em uma primeira vez, pode-se planejar para um período curto. Essa experiência primeira, seguramente, o/a estimulará a uma segunda, e daí por diante.

A expectativa é que a modelação, mais que tudo, proporcione a cada criança dos anos iniciais o interesse por algo e que provoque seu espírito curioso para conhecer os atalhos, os lugares, as coisas. E, então, nos anos posteriores da educação básica, ela chegará a algum canto do 'mapa' e produzirá outros meios, outros objetos, outras artes para tantas outras pessoas, numa postura crítica, com ética e estética.

O *tema/assunto* escolhido deve levar as crianças a elaborar ou a (re)criar um **modelo físico de escala** (desenho ou *réplica*) e/ou um **modelo físico de analogia**, ou seja, modelo no qual os dados do *tema/assunto* requerem uma representação gráfica (de coluna, barra, linhas) e/ou aplicação de dados em algum modelo matemático.

Modelo físico de escala pode ser:

(1.a) *Desenho* em duas e/ou em três dimensões de uma figura (imagem, desenho animado, mapa); *molde* (roupa, peça de máquina, objeto); *projeto de edificação* (casa, quadra de esporte, ponte, ambiente), entre outros.

(1.b) *Réplica:* pode ser um protótipo de algum produto; uma miniatura de máquina, roupa; uma maquete de casa, estrada; dentre outros.

Modelo físico de analogia pode ser:

(2.a) *Representação gráfica* dos dados, como os utilizados na estatística, tais como: *diagrama* (coluna, barra, setor, pictograma), *gráfico* (em *linha* ou em *curva*), entre outros; utilizando folha quadriculada e/ou materiais de desenho.

(2.b) *Maquete* ou *escultura* de algo que conhece ou que imagina.

Não importa a fase escolar das crianças nos anos iniciais, para fazer uso da modelação é essencial planejar, fazer um roteiro das etapas a seguir, cumprir os objetivos previstos: ensinar os conteúdos do programa (e outros que não estão no programa, mas que sejam requeridos) e, ao mesmo tempo, propiciar às crianças vivenciar o processo envolvido na pesquisa e, assim, adquirir conhecimento.

Da modelação → etapas no ensino

Os procedimentos da modelagem nos anos iniciais – *modelação* – sintetizam-se em três etapas, com as mesmas denominações do processo cognitivo: *percepção e apreensão, compreensão e explicitação* e *significação e expressão*. No processo de ensino e aprendizagem, essas três etapas entrelaçam-se: (1ª) *percepção e apreensão* ↔ (2ª) *compreensão e explicitação* ↔ (3ª) *significação e expressão*.

Esse processo envolve as crianças em um "ir e vir" entre: a *percepção e apreensão* de um tema ou assunto do contexto delas que possam manusear, observar, se inteirar; a *compreensão e explicitação* dos conteúdos curriculares sem que as crianças os desvinculem da realidade; e a *significação e expressão* desses conteúdos de forma que seus conhecimentos se aquilatem. O Esquema 1 ilustra o processo geral:

Para que se possa fazer uso da modelação e alcançar os objetivos – ensinar os conteúdos programáticos (e não programáticos se requerer) –, sugiro que o/a professor/a:

(1º) Eleja **um** tema/assunto ou **uma** proposta de modelação sobre algum *tema* de interesse das crianças e que permita desenvolver os conteúdos em período do programa, durante suas práticas.

(2º) Adapte o tema para a utilização com o grupo de estudantes.

Se for possível, o/a professor/a deve fazer antes a modelação como se fosse um/uma estudante – assim pode identificar o tempo requerido em cada proposição e para o ensino dos conteúdos de forma integrada, para as atividades extraclasse que permitam o aprimoramento, além do respectivo tempo para orientar e avaliar o empenho e o desempenho das crianças.

Essa adaptação envolve, necessariamente, planejamento. No planejar é preciso considerar os tempos requeridos para:

a. expor o tema/assunto e obter sugestões;
b. levantar dados ou apresentar dados se já os têm;
c. levantar questões;
d. apresentar/complementar dados;
e. ensinar tópicos do programa curricular; e
f. pontuar as atividades em que as crianças se exercitarão como 'pesquisadoras': inteirar-se do tema/assunto *in loco* e/ou por computador via internet; levantar questões; levantar ou obter dados; aprender conteúdos do programa curricular; concluir o modelo e expressá-lo aos demais colegas por meio oral, pictórico, escrito.

Em síntese, o Esquema 2 ilustra esse processo. Na sequência, detalhamos as etapas.

1ª ETAPA: PERCEPÇÃO E APREENSÃO

Essa etapa visa estimular a *percepção* e a *apreensão* das crianças sobre entes e artefatos que fazem parte do seu meio e que lhes possam interessar. A ideia é promover atividades que as envolvam com a natureza (beleza, encanto, harmonia) e lhes agucem a observação, a atenção às coisas que elas ainda não tenham se apercebido. Isso significa que o contexto deve servir como um modelo ou algo que as motivem, em outra instância, a aprender Ciências (artísticas, da natureza e sociais) e Matemática.

Para tanto, fazemos uso do que dispomos e do que seja permitido pelos familiares e pela direção escolar, como: vídeos de documentários, informações ou dados diversos sobre o *tema* disponíveis na internet, visita a algum lugar (parque, indústria, exposição, local de plantio etc.) que seja interessante às crianças, entre outros. Podemos, ainda, verificar se alguns professores/as ou membros das famílias das crianças desejam colaborar, participar.

Embora não garanta a aprendizagem, a motivação é uma fonte que propicia "o querer aprender". E ainda melhor se as crianças se reunirem em grupo (dupla ou trio) para troca de ideias e convivência. Alguns procedimentos para uma *motivação inicial*:

1.1) Apresentar às crianças o *tema-guia*, utilizando recursos disponíveis e instigá-las a participar expressando suas ideias, fazendo perguntas e comentários;

1.2) Proporcionar atividades em grupo para que assim possam se inteirar e trocar ideias, fazer descobertas, aprender umas com as outras;

1.3) Solicitar que busquem mais informações e dados sobre o tema/assunto proposto e que façam uma descrição (oral e/ou escrita) sobre ele; caso não seja possível, o/a professor/a traz esses dados e forneça às crianças;

1.4) Pedir para que cada grupo de crianças organize os dados ou material por meio de desenhos ou escritos que lhes pareçam mais interessantes expressar;

1.5) Planejar um momento (dia, horário, tempo) para que cada grupo de crianças conte aos demais grupos o que realizou. Esse momento é profícuo, especialmente, para saber que ética/respeito mútuo é essencial.

Ao inteirar-se sobre algum assunto/tema que lhe seja interessante, apreendendo aquilo que foi percebido – informações, peculiaridades –, a criança passa a dispor de um primeiro modelo em sua mente. Um modelo mental possível de expressar em palavras, gestos e/ou por meio de desenho. Apreensão colaborada, em especial, na troca de ideias entre as crianças. Diálogo e comunicação contribuem para que as crianças aguçassem suas percepções e apreensões.

A percepção não se restringe só a um "registro passivo das sensações pelos órgãos dos sentidos", mas abarca também uma "atividade perceptual na qual a mente da criança organiza as sensações reunidas no decorrer de seus momentos de atividade exploratória", conforme disse Piaget (1987). Dessa forma, as atividades exploratórias das crianças devem ser guiadas e, sempre que possível, reuni-las para que possam expressar suas ideias, seus entendimentos.

A percepção-apreensão atenta das crianças daquilo que mais lhes atraiu valerá como ponto inicial para complementar o que já conhecem, acrescentando detalhes à medida que apreendem outros conceitos. Disse Gombrich (1986: 327):

> Primeiro se olha para o objeto com um olhar atento e depois para outros elementos que o compõem. Este primeiro olhar é para a imagem que mais atrai a percepção visual, depois se toma conhecimento de detalhes técnicos, complementares, subjacentes.

2ª ETAPA: COMPREENSÃO E EXPLICITAÇÃO

Essa etapa, que suscita mais empenho do/a professor/a, consiste em propiciar às crianças entender o *tema/assunto*, inteirar-se dos dados e das informações disponíveis, aprender sobre os conteúdos do programa curricular em conformidade ao tema-guia e representar, por meio de imagens, símbolos e/ou expressões matemáticas, imagens, os entes ou os artefatos que observam e pelos quais se interessam. E, com base nas ideias que as crianças já possuem sobre Ciências, Linguagens e Matemática, ensinar conceitos que elas ainda desconhecem.

Assim, procuramos promover atividades que permitam às crianças: transpor imagens apreendidas, levando-as a conceber outras imagens; delinear símbolos a partir de associações; e compreender e explicitar de formas oral e escrita. Alguns encaminhamentos necessários:

2.1) Organizar com as crianças as informações e/ou os dados em quadro, painel, imagem que lhes propiciem ter noção do conjunto, de um panorama ou de uma cena desses dados;

2.2) Solicitar que elas identifiquem e registrem conceitos, palavras que indicam conhecimentos específicos – como geográfico, histórico, biológico, matemático, entre outros. Nesse momento, inclua alguns também, pois isso auxilia e impulsiona as ideias delas fluírem.

Ensine os conteúdos do programa de forma não apartada do *tema/ assunto*; apresente exemplos análogos e proponha exercícios que abranjam as diversas disciplinas.

Observação 1: Se quiser usar a modelação priorizando apenas uma ou duas disciplinas, organize as atividades e estabeleça os momentos/os dias em que fará uso do método.

2.3) Propor que cada criança em seu grupo apresente suas ideias, dificuldades, questões e sugestões sobre o que está sendo tratado, e como resolver e encaminhar as ações.

2.4) Propiciar, em momento oportuno, que elas comuniquem e explicitem suas ideias, seus feitos aos demais grupos.

Durante todo o processo, conduza as crianças de forma que elas identifiquem os entes e os artefatos que as rodeiam, como os símbolos matemáticos e das ciências. Por exemplo, se a Matemática for entendida como uma linguagem que permite representar, visualizar, compreender, comunicar os diversos dados das Ciências (humanas ou da natureza), é possível que as crianças não a considerem algo difícil e/ou restrita à aritmética.

Se as diversas disciplinas do programa curricular forem aprendidas de forma integrada, além de facilitar a compreensão de um fato não conhecido, que a assimile ou a reduza a fatos que já são familiares, as crianças têm melhores possibilidades de identificar aquilo de que mais gostam e querem aprender, em especial, nas fases posteriores do ensino.

3ª ETAPA: SIGNIFICAÇÃO E EXPRESSÃO

Essa etapa consiste em aguçar o senso criativo das crianças para resolver questões e, em essência, levá-las a fazer uma representação, um modelo. Significa fazer relações entre o contexto – do *tema/assunto* escolhido – e os conteúdos curriculares, a partir da subjacente concepção de Matemática e Ciências que as crianças têm, e expressar esse modelo fazendo uso das linguagens requeridas. Linguagens que promovem a integração desses conhecimentos, passíveis de serem traduzidas em linguagens das Ciências e Matemática e que, mais que tudo, lhes favorecem o uso destas para aprender melhor sobre algo que lhes interessa, fora dos limites escolares.

Nesse momento, as crianças já devem reconhecer os entes que as rodeiam e os símbolos e conceitos das Ciências (sociais, da natureza, artísticas) e da Matemática, a partir do conhecimento adquirido nas duas etapas e nas referências de que dispõem. Dessa forma, alguns encaminhamentos são necessários para que o aprendizado se efetive e não fique "estreito à memorização para fins avaliativos", sendo esquecidos posteriormente. E o aprendizado deve servir para seu viver – estar – para atuar fora dos limites das "requerências escolares". Solicitações importantes às crianças ou cada grupo de crianças:

3.1) Elaborar ou concluir um *modelo físico* do tema/assunto de que estão tratando.

3.2) Observar se o *modelo elaborado* propicia a outra criança identificar nesse modelo o que representa e como ser útil para que/quem.

3.3)   Avaliar se é válido ou útil o modelo elaborado.

3.4)   Comunicar ou contar aos demais grupos o que realizaram.

> Observação 2:   A socialização é essencial, pois propicia às crianças não apenas se inteirar dos modelos elaborados pelos demais grupos, mas também pelo notável exercício de: compartilhar ideias, aprender umas com as outras, respeitar e valorizar a produção de cada uma das crianças.

Essa interação entre as crianças, nesse momento de socialização, não se limita à exposição do que elas apreenderam, mas especialmente o que, de fato, cada uma delas aprendeu ao chegar àquela expressão – um modelo físico. Aprendizagem advinda, em essência, do empenho da criança no *apreender – explicitar – expressar* o *tema/assunto*, e, então, dispor de um modelo físico (e também mental) advindo do que vivenciou e quis saber. Modelo que valerá como referência a outros tantos modelos, aquilatando seu conhecimento sobre algo que lhe interessa.

Ao perpassarem pelo processo da modelação fazendo modelos físicos de *assuntos-temas* que lhes interessam, verificando a relação entre os diversos conceitos, conteúdos ensinados na escola, essas crianças saberão melhor fazer uso desses conteúdos no seu viver – e não será algo apartado de sua realidade. Nesse sentido, propicia-se a cada criança saber que existem muitas coisas ao redor dela, mesmo quando ela não as percebe. Isso quer dizer que os diversos tópicos do programa curricular (artístico, biológico, físico, geográfico, histórico, literário, matemático, químico, dentre outros), sob certa perspectiva, estão inseridos no viver/estar das crianças, isto é, de cada um de nós.

Na modelação, as crianças apresentam melhor aprendizagem dos mais diversos tópicos do programa curricular, pois cada uma das etapas as conduz a:

- inteirar-se de informações/dados sobre um *tema/assunto* que lhes é interessante;
- perpassar pela experiência, pela comunicação de suas ideias aos professores e entre elas no grupo;
- representar os dados, culminando com a elaboração de um modelo físico que traz, 'implícito' ou explícito, o conjunto de conteúdos do programa curricular.

A representação externa – modelo, antes de tudo – depende de como cada grupo de crianças *percebe* o ambiente, *compreende, representa* e procura expressá-lo. Isto é, cada modelo elaborado por um grupo de crianças expressará uma simplificação do que tal grupo apreendeu, conheceu. E ao compartilhar os resultados com os demais grupos, todos aquilatarão suas ideias, seus saberes.

Nessas interações das práticas de sala de aula, as crianças reestruturam suas crenças e seus próprios conhecimentos, melhoram suas capacidades de se comunicarem umas com as outras, de compartilharem suas ideias, internalizam os conceitos, desenvolvem seus sensos crítico e criativo e ainda aprendem a ouvir umas às outras, reafirmando seu pensamento e sua prática de diferentes maneiras. Comunicar uma ideia, uma compreensão de algo a outro, requer uma dinâmica sempre em mudança e extremamente sensível ao contexto e à compreensão. E nessa ação recíproca, elas aprimoram seus sensos criativos.

Da proposição, saber para ensinar

Para que o/a professor/a tenha mais sucesso no uso da modelação em sua prática pedagógica, um caminho é perpassar o processo requerido antes de propor às crianças. Se tiver um/uma ou mais professores/as dos anos iniciais, isso contribui muito. Pois, em grupo, se ocorrer dúvidas, juntos/as podem alcançar melhores respostas ou encaminhamentos, como:

- *administrar os tempos* de ensinar, orientar, propor tarefas, avaliar as crianças;
- *saber se justificar* e/ou defender seus propósitos junto aos pais, à direção, aos colegas;
- *saber reconhecer* os resultados de cada uma das crianças, sem mensurar por meio de um grau, conceito.

Assim, esse vivenciar (com ou sem colegas) pode evitar possíveis dificuldades no ensino através da modelação, tais como essas que acabamos de descrever.

De qualquer forma, para vivenciar a modelação, é importante que o/a professor/a ou grupo de professores/as:

- identifique, na bibliografia disponível, alguns modelos ou propostas de modelagem ou modelação em que se faz uso de parte do conteúdo curricular que pretende ensinar e, ainda, propicie a esse grupo de crianças a motivação para aprender;
- refaça um desses modelos ou propostas de modelagem, preliminarmente, como se fosse um estudante dos anos iniciais a fim de identificar momentos do processo que podem levar as crianças a suscitarem mais ou menos orientação;
- adapte, inicialmente, um desses modelos ou propostas para esse grupo, seguindo as orientações das etapas, de tal forma que as crianças possam se interessar em aprender os conteúdos curriculares (e não curriculares) e, também, vivenciar o processo de pesquisa;
- planeje o processo, constando *como*, *quando* e por *quanto tempo* será cada aula e a devida etapa do processo: (1ª) apresentação do *tema/assunto*; (2ª) levantamento de dados e questões; (3ª) formulação das questões; (4ª) desenvolvimento do conteúdo; (5ª) proposição de exercícios e atividades extraclasse; (6ª) avaliação da aprendizagem; (7ª) socialização dos modelos (entre as crianças).

■ Podemos oferecer os dados às crianças, embora elas próprias possam trazer alguns. Na seção "Da modelação, essência", apresentaremos cinco exemplos com os respectivos dados; portanto, os mesmos podem ser utilizados pelas crianças.

Aprendemos a modelar modelando. E, de igual forma, aprendemos utilizar a modelação ensinando. Mesmo que a primeira experiência seja realizada em um período curto, limitado a um tópico do programa. Nossa aprendizagem se aperfeiçoa no ensinar. A cada experiência, aprendemos e estamos mais seguros para levar a modelação adiante e, sobretudo, conquistar a confiabilidade das crianças.

A modelação contribui para uma espécie de simbiose entre nós, professores, e as crianças, no aprimoramento de nosso conhecimento em benefício da natureza. E atuar em harmonia com a natureza equivale a atuar em consonância com a natureza de cada um de nós, pelos dizeres de Capra (1982).

Pontos, frisar

A modelagem na educação das Ciências (artísticas, da natureza e sociais), da Matemática e das Linguagens requer mais tempo do/a professor/a na primeira vez em que é adotada, pois é preciso planejar as atividades (*o que* e *como* ensinar, *quando*, *por quanto* tempo). Entrementes, a primeira vez que fizer uso da modelação, os resultados e a experiência adquiridos motivarão a seguir por esse caminho.

Em essência, modelação propicia às crianças a possibilidade de estabelecer suas próprias estratégias e ações na elaboração de um modelo. E, ao modelar, elas se inteiram dos conteúdos do programa curricular, como conhecimentos necessários no fazer/estar, e também fora dos limites escolares. E não se trata de aprender conteúdos requeridos na avaliação com finalidade de se obter uma nota, um grau, ou seja, um não conhecimento.

Aprendizagem é um processo que nos acessa em todo nosso estar, viver. A aprendizagem depende das necessidades que surgem em nossos estares. E quando tal necessidade se apresenta, exige que nos inteiremos da situação-problema, que recorramos aos diversos meios e instrumentos de que dispomos e que nos permitem solucioná-la, ou, então, buscarmos por alguém que possa resolver por nós.

Ao nos familiarizarmos com um primeiro *tema/assunto* e propor aos estudantes – crianças nas suas singulares fases de querer saber –, nós, professores/as, adentramos um "veio da aprendizagem". Aprendemos sobre o tema-guia da modelação; aprendemos a ensinar de forma integrada (Matemática – Ciências – Linguagens); aprendemos com as crianças a partir de suas dúvidas, perguntas, sugestões, informações, dados que trazem, apresentam.

Em outras palavras, aprendemos a cada experiência, a cada vivência nesse "aprender como melhor ensinar". Por conseguinte, nós adquirimos melhores condições ao ensinar os estudantes a aprender e não apenas a memorizar por curto espaço de tempo, somente para cumprir uma etapa escolar – e, mais lamentável, depois esquecendo tais conteúdos. À medida que vivenciamos essa experiência, nos valemos de *mestres* ao proporcionar a cada uma dessas crianças a vontade de aprofundar-se sobre algo de que ela gosta, quer melhor saber. Isso quer dizer: a identificar seu talento.

É fato que aprender para ensinar uma criança a querer saber exige mais do que seguir um livro didático e expor os tópicos, muitas vezes de forma apartada de sentido para as crianças. Na modelação, devemos: identificar *temas/assuntos* interessantes a elas, fazer as adaptações necessárias ao programa curricular, planejar os assuntos a serem abordados nos tempos, entre outros.

Depende, também, do compromisso que temos com o ensinar as crianças e, ainda, com a posição e a responsabilidade que esse dever nos requer. Um ciclo reflexo, cujo exercício propicia apreender novas ideias, propostas, contribuindo com o aprimoramento das crianças.

Uma magia na forma como captamos as informações trazidas pelas crianças: das percepções às compreensões que elas têm sobre os diversos conceitos (das áreas diversas) que se expressam.

Esses resultados – aprendizagem das crianças e nossa durante o processo de ensino – nos favorecem várias e boas ideias, fazem emergir fontes de inspiração e intenso interesse para levar adiante essa forma de ensinar e aprender. Por meio da modelação, sempre atingiremos um resultado satisfatório, interessante. Interessante porque as ações durante o processo levam as crianças a aprimorar seus conhecimentos, e, assim, um intenso interesse nosso torna-se indispensável para coordenar a imaginação e a vontade delas nesse aprender. Afinal, de acordo com Fange (1971: 77), "não existe verdade mais certa do que a máxima crua – experimente e experimente de novo".

DA MODELAÇÃO, ESSÊNCIA

As expressões das crianças aportam sentidos, significados. E sua experiência individual compartilhada com outras crianças, com as pessoas ao seu redor, influencia suas experiências, seus saberes.

O universo da criança nos dias atuais – nessa era (denominada de 'pós-modernismo') das tecnologias – dispõe de um conjunto de meios que lhe propicia saber, inteirar-se dos acontecimentos em tempo real, tais como: músicas, filmes, imagens, jogos, informações diversas. O acesso à rede de comunicação permite à criança se inteirar do que deseja, do que a interessa.

Tal interesse despertado pelo cenário que se apresenta – som, imagens, formas, cores, dentre outros – não deve ser negligenciado pelos familiares, tampouco pelos professores da educação básica, em particular. Isso porque há diversos e bons programas (documentários, musicais, filmes, imagens etc.) que podem auxiliar no ensino e, consequentemente, na aprendizagem dos tópicos do programa curricular.

Assim, os/as professores/as dos anos iniciais precisam considerar os meios tecnológicos, em particular, os programas e os documentários acessíveis na rede televisiva e na internet para complementar o ensino, com vista à aprendizagem das crianças – e em um ambiente em que a maioria está inserida. O ensino, através de meios e métodos diversos, não negligencia os conhecimentos informais que essas crianças já dispõem, mas faz uso deles para permitir a cada uma delas aprimorá-los e, ainda, a querer saber mais e melhor sobre outros temas que lhe interessa. E para que essas crianças queiram saber, depende, em parte, da forma como as levamos a aprender, a querer aprender.

A proposição de questões ou atividades que integrem outras áreas do conhecimento, de acordo com a etapa de escolaridade da criança, pode contribuir para que ela não desvincule as diversas disciplinas ou matérias do programa curricular da sua realidade. Deve haver uma integração que lhe facilite compreender sobre um fato não conhecido, assimilando-o aos fatos já familiares e fazendo uso desse conhecimento nas diversas ações e fazeres requeridos para além das proposições em sala de aula.

Vale sublinhar, outra vez, que nosso processo cognitivo consiste em variar as observações e as medidas, em formular hipóteses verificáveis, ou seja, em saber discernir os elementos essenciais da situação observada. Processos que serão tanto mais refinados quanto maior for nossa vivência e experiência. Quanto mais exigimos de nossa mente, mais aguçada ela tende a ficar.

Por considerar essa asserção, conforme disse em seção anterior, defendo a modelagem nos anos iniciais da educação básica – *modelação*. A modelação nos anos iniciais tem como propósito contribuir para melhor formação dessas crianças/estudantes, propiciando-lhes conhecimento. Conhecimento que favoreça a cada uma delas, fora dos limites escolares, na capacidade de:

a. identificar, descrever, comparar e classificar os objetos e as coisas ao redor;

b. visualizar e representar os mais diversos entes;

c. representar e resolver situações-problema;

d. melhor compreender os entes que a rodeiam; e

e. descobrir o que quer ser – atuar – e em qual área quando for adulta.

Para que os/as professores/as dos anos iniciais possam inteirar-se da modelação e, assim, torná-la um método de ensino dos tópicos do programa curricular, nesta seção apresento cinco propostas de modelação e as devidas sugestões de *como* e *quando* utilizá-las. Todas elas foram aplicadas, em alguns períodos letivos, por professores/as simpatizantes da proposta. Assim, em cada proposta, faço breve descrição e comentário sobre resultados obtidos por alguns/mas professores/as do ensino fundamental (anos iniciais – 1º ao 5º – e intermediários – 6º ao 9º).

Sugiro ao/à professor/a que decida fazer uso da modelação caso tenha disponibilidade e realize cada uma das propostas com os estudantes dos anos iniciais. Melhor ainda se puder realizar ao mesmo tempo que outro/a colega e, assim, identificar momentos que podem requerer, mais ou menos, atenção, ensino, orientação e avaliação da aprendizagem.

Ao vivenciar o processo de modelação, o/a professor/a reunirá um melhor saber sobre *o que*, *como*, *quando* e *quanto* ensinar sobre cada tópico do programa e, dessa forma, planejar todo o processo de ensino. Conforme os Parâmetros Curriculares Nacionais (Brasil, 1997: 36):

> Ao planejar o projeto, o professor precisa delimitar o campo de investigação sobre o tema, abrangendo conteúdos conceituais, procedimentais e atitudinais pertinentes e possíveis, considerando as características do ciclo a que o projeto se destina.
>
> Os conteúdos do projeto dizem respeito àqueles em desenvolvimento e a outros, novos, que representam acréscimo à compreensão do tema.
>
> É necessário que o professor elabore e apresente aos alunos um roteiro contendo os aspectos a serem investigados, os procedimentos

necessários, as atividades a serem realizadas e os materiais necessários. É importante, ainda, que se esclareçam as etapas da investigação e o modo de organização dos dados obtidos.

As atividades propostas têm por objetivos, também, aguçar os processos cognitivos das crianças e as suas habilidades requeridas na solução de uma situação-problema e, em especial, na criação de algo – isto é, estimular seus sensos criativos. Em cada uma dessas propostas/atividades, a criança ou grupo de crianças deve chegar a um *modelo de escala* ou *modelo de analogia*. Conforme mencionado na seção "Modelação: do método, essência":

- *Modelos de escala* são os que representam os objetos reais ou imaginários, diferenciados na escala, no tamanho, mas que preservam proporções, mantêm propriedades e características relevantes do original.
- *Modelos analógicos* são os que compõem um objeto material, um sistema ou mesmo um processo para representar, em um novo meio, outro objeto, sistema ou processo.

Merece sublinhar: aprendemos quando temos *necessidade* de saber. Nesse sentido, se esperamos que as crianças se interessem pelo que estamos ensinando, que se motivem com o aprendizado, *primeiro* devemos saber sobre a importância desse conhecimento (listado no programa curricular) para a formação escolar delas; e, *segundo*, saber conduzi-las à aprendizagem, para que sintam a necessidade de aprender, o querer saber.

Na literatura educacional, assim como nas orientações curriculares, as palavras *motivação* e *interesse* – motivar os estudantes, torná-los interessados – são exaltadas. Com base em dicionário da língua portuguesa, a motivação, o interesse e a necessidade são espécies de sentimentos que põem o organismo em movimento ou em determinado comportamento. Pelas pontuações na literatura, podemos sublinhar:

- A motivação pode ser intrínseca – propensão natural, como vontade de comer, dormir, chorar, sorrir; ou extrínseca – advinda de algo externo, como uma música que capta a atenção, instiga a ouvi-la.
- O interesse significa estar entre, surge em cada momento, em cada pessoa no meio em que vive, ou mesmo em cada grupo. Isto é, trata-se de sentimento de valor de que cada pessoa dispõe; é dinâmico e impele à ação.
- A necessidade, qualidade ou caráter de necessário, inevitável. É uma condição de dependência da pessoa em relação a outras coisas, conforme Dewey (1922).

A motivação, ou mesmo o interesse, desvanece se não assomar, emergir uma necessidade de aprender, ter, estar, ser. Necessidade que também pode ser intrínseca e extrínseca. De acordo com Claparède (1958), o interesse exprime uma relação da pessoa com o objeto, desde que o objeto seja necessário em um momento. Algo só se torna interessante quando se relaciona com uma necessidade da criança – estudante, isto é, um interesse que seja "objeto em sua relação com a necessidade" (Claparède, 1958: 56). Trata-se de elemento estrutural o querer conhecer da vida humana, resultando no agir existencial.

Por esses dizeres, é a necessidade (intrínseca ou extrínseca) que impulsiona a pessoa a agir, isto é, a se encontrar em condições próprias ao aparecimento de uma necessidade e que lhe desperte interesse em satisfazer essa necessidade. E, nesse sentido, a necessidade de ter certo conhecimento leva a pessoa a se empenhar a aprender, a reorganizar as informações de modo a torná-las adequadas. Esse saber resulta na compreensão de longo prazo, um aprendizado.

Na expectativa de que os/as professores/as dos anos iniciais aprendam modelação e a torne um método de ensino e aprendizagem, neste capítulo apresento cinco propostas/exemplos de modelação possíveis de se desenvolver com os estudantes/crianças dos anos iniciais.

Apresento indicações e orientações sobre *o que* ensinar (conteúdos programáticos), *como* e *quando* ensinar, e desenvolver as atividades requeridas no processo da modelação.

Cada proposta segue as três etapas da modelação: (1ª) *Percepção e Apreensão*; (2ª) *Compreensão e Explicitação*; e (3ª) *Significação e Expressão*. O/a professor/a decide *como, quando, onde* desenvolver as atividades/propostas de acordo com o grupo de estudantes, os colegas, a direção escolar e os familiares desses estudantes. Os assuntos ou temas abordados em cada uma delas são: M – 1: *Área Foliar*; M – 2: *Embalagem*; M – 3: *Crescimento Restrito*; M – 4: *Propagação de Doença*; M – 5: *Ornamentos*.

Espero que as ocorrências e os resultados motivem as crianças, impulsionando o/a professor/a a seguir neste caminho e, assim, transformar seu ensino em aprendizagem, e da resultante da aprendizagem, possibilitar a *satisfação* de **ser professor/a** e não somente **estar professor/a**.

> A transformação e a mudança são características essenciais da natureza. Na transformação e crescimento de todas as coisas, cada broto e cada característica apresentam sua própria forma. Nesta observamos sua maturação e decadência graduais, o fluxo constante de transformação e mudanças. (Capra, 1983: 91)

M – 1: área foliar

Nas plantas, as folhas captam a luz e efetuam as trocas de gases com a atmosfera para realizar fotossíntese e respiração. A *fotossíntese* – processo realizado pela planta na produção de energia – é necessária à sua sobrevivência. As raízes retiram do solo a água e os sais minerais, que são levados às folhas pelo caule em forma de seiva, denominada *seiva bruta*. Para esse feito, na maioria das plantas as folhas tendem a maximizar a superfície em relação ao volume, a fim de que possam ficar expostas à luz o maior tempo possível.

A forma, o tamanho e a textura da folha variam de acordo com a espécie de planta. Sua estrutura compõe-se de *bainha*, *pecíolo* e *limbo*. A *bainha* é a porção basal que liga a folha ao tronco; o *pecíolo* é o segmento da folha que a prende ao ramo ou tronco, ou à bainha; e o *limbo* ou lâmina é a parte principal da folha que se caracteriza por uma superfície achatada e ampla, possibilitando maior área de captação de luz e gás carbono. O morfologista da área de botânica às vezes precisa determinar a área da folha – área foliar.

Qual a quantidade de gás carbônico que uma folha transforma em oxigênio por dia?

A resposta a essa questão vai requerer das crianças se inteirarem de alguns conceitos da Botânica e da Matemática. No cálculo da área da folha – *área foliar* –, as crianças vão se inteirar da soma por aproximações sucessivas, prescrita por Bernhard Riemann (1826-66), renomado matemático alemão. Portanto, nesta modelagem, os tópicos matemáticos requeridos são *contagem* e *medida linear e superfície*.

Se possível, disponha de um vídeo gravado ou mesmo da internet. Afinal, "a linguagem ganha corpo, onde as imagens, palavras e conceitos regulamentam, gesto por gesto, as possibilidades de mobilidade e criação dos seres humanos", conforme Restrepo (1990: 94). Os materiais requeridos podem ser solicitados às crianças ou, se possível, a escola os fornece.

- **Do programa, mais suscitados:** conceitos de Ciências (fotossíntese, tipos e formas de plantas etc.), Matemática (contagem e medida: linear e superfície).
- **Materiais necessários**: folha de papel quadriculada, régua, tesoura e folhas de plantas (as que já estão em solo).

1ª ETAPA: PERCEPÇÃO E APREENSÃO

Nesta etapa, apresentamos o tema vegetação, de forma que propicie às crianças participar e colaborar umas com as outras. Iniciamos com um bate-papo sobre o *tema* e, então, as questionamos sobre: *o que sabem sobre as plantas*, *quais tipos de plantas conhecem*, *se há plantas em suas residências*, entre outras perguntas. Se possível, as levamos para algum espaço da escola onde tenha plantas. Após essa exposição inicial, nos valemos de algumas solicitações-guia de cada criança ou grupo de crianças:

Passo 1
Buscar/trazer folhas de plantas (máximo 3), preferencialmente as que se encontram no chão/solo.

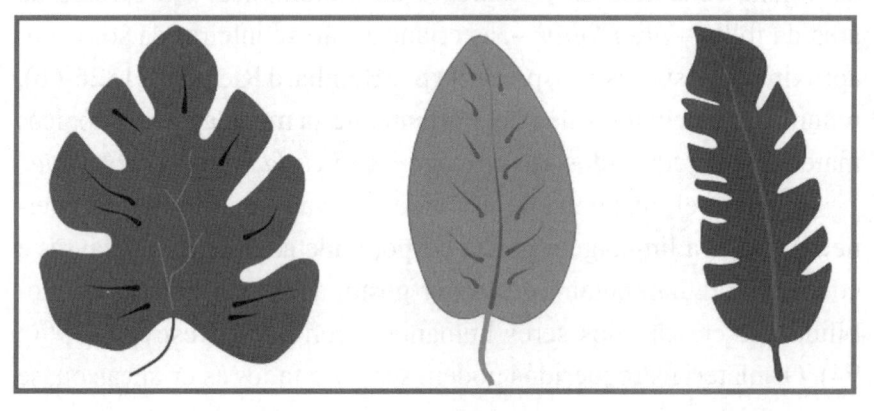

Passo 2
Anotar, localizar imagens (se possível) das respectivas plantas das quais as folhas procedem.

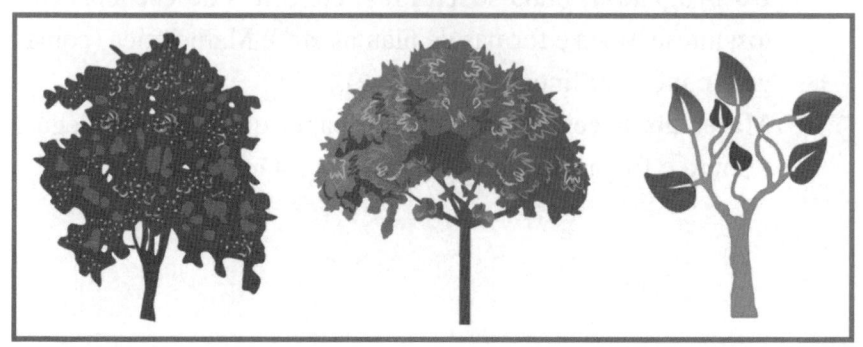

Passo 3
Contornar cada uma dessas folhas de planta em uma folha de papel quadriculada.

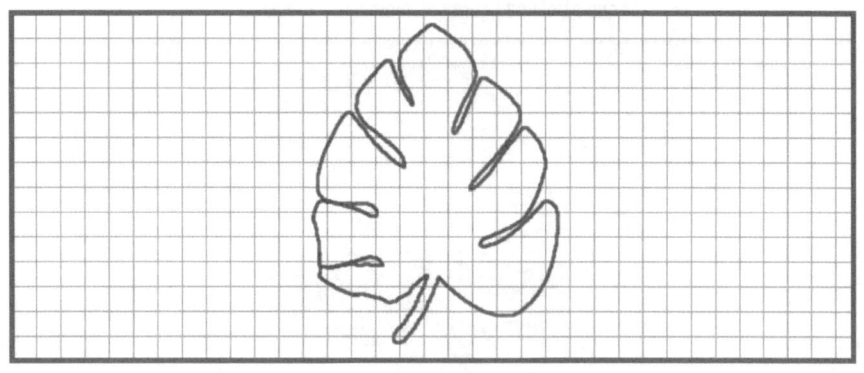

2ª ETAPA: COMPREENSÃO E EXPLICITAÇÃO

Esta segunda etapa requer mais tempo em sala de aula, uma vez que devemos desenvolver parte dos conteúdos indicados pelo programa. Assim, a partir dos desenhos das plantas como guia no ensinar, solicitamos:

Passo 1
Retomar o desenho da folha e pintar e/ou numerar os quadrados interiores ao contorno.

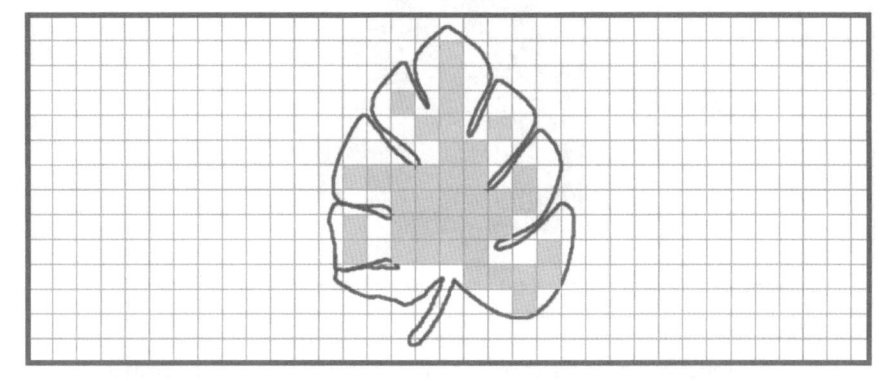

Passo 2
Marcar um ponto ou número em cada quadrado (unidade)
que esteja na figura que representa a folha.

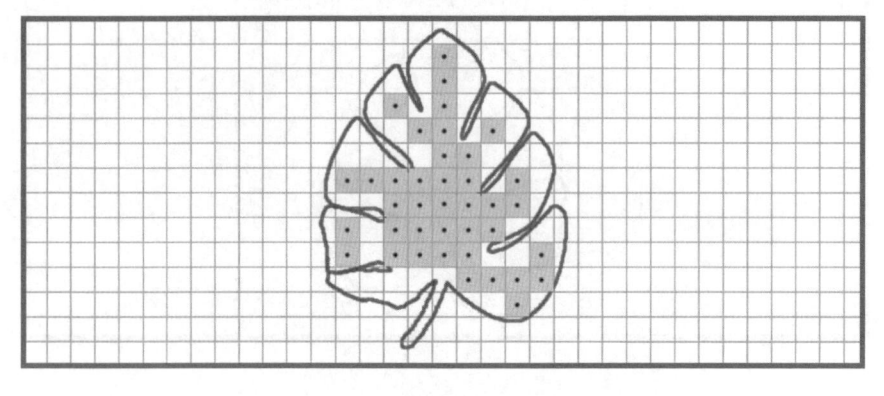

Passo 3
Contar o número de quadrados e anotar: Soma 1 ou S_1.

Neste exemplo, o número de quadrados é 39 ou $S_1 = 39$ quadrados

Passo 4
Verificar quantas partes não completaram um quadrado e pintá-las de outra cor.

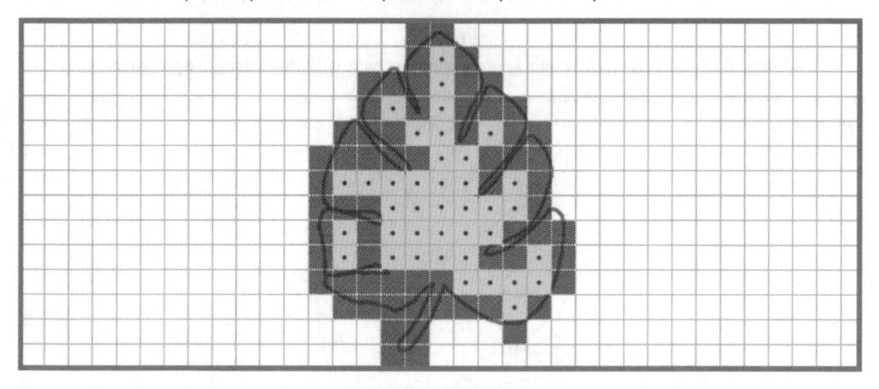

Passo 5
Juntar essas partes de forma a dispor de um conjunto de quadrados e contar – $Soma_2$ ou S_2.

Neste exemplo, o número de quadrados é 65 ou $S_2 = 65$ quadrados

Passo 6
Somar esses quadrados completos com os valores desses quadrados aproximados: $S_1 + S_2$.

Nessa imagem de uma folha, dizemos que a medida da superfície da folha $(S_1 + S_2)$ é de aproximadamente 104 quadrados. Em linguagem matemática, expressa-se em 104 unidades quadradas $\leftrightarrow$ 104 u^2. Ou ainda, $(S_1+S_2) = 104$.

Dando sequência, ensinaremos os conteúdos pertinentes à fase de escolaridade.

Esse tema – *área foliar* – permite, especialmente, conscientizar as crianças sobre a importância das plantas à manutenção da vida e, ainda, ensinar, por exemplo:

- Ar que se respira – fotossíntese realizada pelas folhas, composição do solo (Ciências da Natureza).
- Local onde a planta se desenvolve – solo, clima, região (Geografia).
- De onde provém (ambiente de origem) e desde quando (História).
- Contagem, formas geométricas, sistemas de medida linear e de superfície (Matemática).

Organizamos o tema de modo a inserir os conteúdos dos programas de Ciências e Matemática, não de forma linear, mas de acordo com o que clama por uma resposta, ou melhor, uma compreensão do *tema* em foco: *área foliar*. Incluímos exemplos diversos sempre que for pertinente. De igual maneira, exercícios.

3ª ETAPA: SIGNIFICAÇÃO E EXPRESSÃO

Nesta etapa, as crianças aprimoram seus desenhos ou imagens das plantas, dispondo de um modelo ou de uma expressão do que realizaram. Se realizarem a atividade em grupo, é salutar que cada criança tenha o seu modelo de folha, além das respectivas medidas e dos conceitos indicados. Então, levamo-las a rever seus fazeres, sugerindo:

- significar seu desenho – representação da folha de uma planta – com informações ou indicações (folha de qual planta, onde se encontra essa planta) que propiciem a outra criança ou outro grupo de crianças saber o que foi feito;
- identificar quais conteúdos aprenderam;
- expressar seus respectivos modelos às demais crianças ou grupos de crianças;
- saber que para medir uma superfície é preciso dispor de uma unidade de medida; e essa unidade para medir superfície é o **quadrado**, antes de dizer a elas que o cálculo de área de um quadrado é o produto de dois lados (lado x lado).

> Comentário 1: Ao concluir essa modelação, cada criança vai dispor de um modelo físico (aritmético e geométrico) que expressa o que aprendeu sobre a importância das plantas à vida.

Mesmo em grupo, é importante que cada criança primeiro realize sua proposta e, depois, socialize no grupo. Quão melhor se cada criança:

a. escolher a folha de uma planta;
b. contorná-la em uma folha de papel quadriculada de sorte a explorar várias maneiras;
c. contar números de quadrados – compreendendo medida de superfície;
d. aprender os conteúdos programáticos e que esses lhe façam sentido.

E, quem sabe, esse momento possa "inflamar a centelha criadora de cada uma delas", uma vez que o modelo de ensino tradicional não contribui para a aprendizagem, mas, por vezes, só para a memorização por curto prazo. Pelas palavras de Restrepo (1990: 35):

> A tarefa do pedagogo é formar sensibilidades e, para isso, deve passar da razão teórica à razão sensorial e contextual, cinzelando o corpo sem pretender atracá-lo à dureza do código ou esmagá-lo com arrogância professoral que desconhece as potencialidades da singularidade humana.

DAS APLICAÇÕES, UMA PARA ILUSTRAR

Esta proposta foi aplicada, pela primeira vez, por uma professora da 3ª série (atual 4º ano) em 1990. Participaram 23 crianças. Ela inteirou-se da proposta na disciplina que ministrei sobre modelagem em um curso de pós-graduação *lato sensu*. As crianças reuniram-se em grupos, para interação – cooperação entre elas e, em particular, a aprendizagem dos conceitos matemáticos e de ciências (biológicas) envolvidos. Mais importante: todas as crianças se envolveram, expressando interesse, fazendo perguntas.

M – 2: embalagem

As embalagens tornaram-se parte de nosso viver. Trata-se de um recipiente ou envoltório que protege o produto, facilita o transporte e, especialmente, o manuseio e a higiene. Elas diferem no tamanho e na forma de acordo com o produto que armazena e, ainda, no tipo de material. Material esse que garantirá exercer a proteção e o manuseio do produto. A maioria delas é descartada tão logo fazemos uso. E esse descarte implica enviá-las para o lixo, o que acarreta enorme prejuízo ao nosso meio ambiente, pois provoca danos irreparáveis.

Frente a esse grave problema, precisamos rever nossa forma de descartar as embalagens após o uso. A maneira como as descartamos expressa nossa consciência com o meio ambiente e, em especial, com as próximas gerações. Reflexão sobre esse problema é fundamental, em particular, junto às crianças, uma vez que elas poderão dispor de um ambiente mais saudável. E este assunto – consciência ambiental – pode produzir efeito melhor nas crianças que nos adultos. Assim, levamo-las a observar os efeitos dessa falta de consciência, utilizando-se de documentários em vídeos e/ou imagens.

Como fazer uma embalagem para um produto que possa ser reutilizada?

- **Objetivos**: inteirar as crianças material de embalagens (Ciências da Natureza), a origem e sede da empresa (Ciências Sociais), as formas e as medidas (Matemática), a imagem e as cores (Artes) e a preservação ambiental (valores e ética).
- **Materiais necessários**: papel quadriculado, cartolina, lápis de cor, régua, tesoura, compasso, borracha, cola.

1ª ETAPA: PERCEPÇÃO E APREENSÃO

Iniciamos com um bate-papo com as crianças sobre embalagem e lhes solicitamos que digam: (1) *quais embalagens conhecem*; (2) *o que fazem com elas após o uso*; (3) *onde seus familiares as descartam*; (4) *se algumas são reutilizadas* e, em caso afirmativo, *quais*. Ou seja, saber das crianças como elas compreendem o meio ambiente. Esse saber nos permite guiar nosso ensino, visando conscientizá-las sobre os recursos da natureza que podem ser diminuídos se cada um de nós não fizer a sua parte – respeitando-a. Há bons vídeos disponíveis que valem ser mostrados.

Dessa explanação, primeiro, falamos da proposta em que elas (em grupo ou individual) vão criar uma embalagem para determinado produto que elegerem. Para que possam inteirar-se melhor sobre uma embalagem e, assim, saber fazer uma, inicialmente pediremos para (cada criança ou grupo de crianças):

- trazer diferentes tipos de embalagem (máximo três), não apenas na forma e no tamanho, como também no material de que foram feitas (papel, papelão, metal);
- identificar a arte ou a imagem ilustrativa do produto, em cada embalagem;
- assinalar as cores;
- fazer um quadro e identificar quais informações as embalagens trazem: ingredientes ou composição do produto; orientação de uso, código de barras, endereço da empresa (estado, cidade, bairro, rua, número), endereço do *site* da empresa.

Modelo 2.1

Nome da empresa:	
Composição do produto	
Informação do produto	
Endereço postal	
Endereço eletrônico	
Código de barras	
Outras informações	

Essas primeiras informações nos valem para planejar: *o que*, *como* e *quando* ensinar cada tópico dos programas de Ciências, Linguagens e Matemática; e em quais momentos as crianças vão criar e produzir uma embalagem. Assim, orientamo-las, em grupo, a:

- escolher 'algo' que queiram embalar – fazer uma embalagem diferente da que possivelmente este 'produto' já tenha;
- identificar em alguma embalagem as informações que precisarão constar, quando suas respectivas embalagens estiverem prontas;
- fazer um primeiro esboço – desenho da embalagem que pretendem fazer;
- identificar e listar o que é preciso constar na embalagem e o material a ser utilizado.

2ª ETAPA: COMPREENSÃO E EXPLICITAÇÃO

A embalagem traz um conjunto de informações que nos permitem abordar os mais diversos conteúdos do programa curricular de Ciências (artística, da natureza e sociais) e Matemática. Assim, nos organizamos para ensinar esses conteúdos do programa em sintonia com a proposta da embalagem. Como as crianças devem escolher embalagens variadas, e, para isso, devem formar cinco grupos, vamos ter informações de cinco diferentes empresas, portanto, cinco fontes de dados distintas.

Essas informações de cada uma das empresas valem-nos para ensinar, respectivamente, sobre:

- Endereço: identificar onde fica cada uma das empresas – cidade, estado e região; formas e dimensões do espaço geográfico, clima, população, dentre outros – Geografia.
- Histórico: saber a data de fundação da empresa – o que ocorria no momento na região, no país; o que levou cada uma delas à criação da empresa; a contribuição à comunidade etc. – História.
- Produto: levantar a composição dos produtos – matérias-primas, energia consumida, valor energético (se for alimento), dentre outros – Ciências da Natureza.
- Código de barras: forma de linguagem que traz informações diversas sobre o produto e a empresa – Linguagem.
- Embalagem: projeto, formatação – geometria, operações numéricas, sistemas de medidas (linear, superfície, volume, massa e capacidade) – Matemática. Vale frisar que embora a Matemática apareça indicada somente neste último item, ela é requerida em todo o processo.
- Imagem e logomarca: identificar o produto – nos permite instigar os sensos criativos das crianças ao criar/produzir uma logomarca para a embalagem que vão elaborar – Ciências Artísticas.

As embalagens trazidas pelas crianças (e as que também podemos levar) nos propiciam ensinar outros tantos conceitos, tópicos que fazem parte do programa curricular e, também, os que podem não constar, contudo julgamos relevante explicitá-los. Assim, para que possamos instigar o senso criativo das crianças e, ainda, o senso de responsabilidade a partir de uma consciência ambiental que podemos proporcionar, damos sequência à modelagem pedindo que cada grupo de crianças:

- Faça um desenho da embalagem que pretende criar.
- Esboce, em uma folha comum ou quadriculada, a embalagem planificada, isto é, aberta (pode usar como modelo-guia alguma embalagem que trouxeram).
- Estabeleça dados a constar (endereço, informações sobre o produto etc.).
- Crie uma logomarca.

3ª ETAPA: SIGNIFICAÇÃO E EXPRESSÃO

Este é o momento em que as crianças vão aplicar *o que* aprenderam sobre os diversos tópicos de Ciências e Matemática e, ainda, o que compreenderam sobre embalagem, expressando em suas criações – fazendo a embalagem para o produto que escolheram. É salutar que o processo de criação da embalagem (desenhos, delineamento na folha de papel, cortes e montagem, ilustrações) seja realizado na escola, durante o horário das aulas, e em horário e dia previstos. Pode ser realizado na própria sala de aula ou em outro espaço adequado para essa atividade.

A ocasião é oportuna para verificarmos o que os alunos aprenderam de Ciências, Linguagens e Matemática e, ainda, sobre a importância da embalagem e do respeito ao meio ambiente. Para essa verificação, sugerimos algumas solicitações às crianças que nos valerão para avaliar nosso desempenho como professor/a:

- Esboçar (a lápis) a embalagem planificada em uma cartolina ou papelão fino – esboço da parte interna.
- Fazer riscos mais fortes onde serão as dobras quando for montada ou armada a embalagem.
- Esboçar (a lápis) as partes externas da embalagem, como: nome do produto, logomarca, informações gerais sobre o produto, endereço da empresa fictícia etc.
- Montar a embalagem – com todas as informações requeridas.

O impulso à aprendizagem é inerente em todas as crianças. E a geometria e os sistemas de medidas, em particular, são elementos para o raciocínio delas nessa fugaz fase escolar. O êxito das crianças depende não apenas de materiais e ambiente apropriados, mas fundamentalmente da forma como lhes propiciamos "querer saber". Não um querer saber com finalidade de obter uma aprovação. Mas, sim, querer saber para ensinar outros saberem.

Nessa proposta, o primacial está em conscientizar as crianças sobre como dar *fim às embalagens*, pois se trata de saúde pública. Essa consciência pode lhes permitir a noção de valor: valor da embalagem na proteção e no transporte das mais diversas coisas, mas também, valor – custo dessa embalagem ao meio ambiente, se não encaminhada a um lugar adequado. E não vamos sensibilizá-las sem estarmos sensibilizados com a questão em 'foco'. Adaptando as palavras de E. J. Dijksterhuis e R. J. Forbes (1963: 575):

> Este conhecimento permite compreender a noção de valor. O valor supõe a síntese de uma ordem e uma força, ante toda ordem, que se manifesta por uma consistência ou coerência, tanto mais perfeita quanto maior o valor.

DAS APLICAÇÕES, UMA PARA ILUSTRAR

Esta proposta foi realizada com estudantes dos 3º, 4º e 5º anos (anteriores 2ª, 3ª e 4ª séries) do ensino fundamental em 1990, em cinco turmas, respectivamente, cinco professoras. Elaborei um material de apoio didático e me propus, após uma palestra, a dar um curso sobre modelagem – que foi aceito pelas professoras. Assim, durante cinco segundas-feiras, por três horas no período noturno, nos encontrávamos em uma escola pública municipal de Blumenau (sc).

A cada encontro do curso, eu explicitava parte do material, esclarecia dúvidas, acatava sugestões. E, desde a primeira aplicação, nos respectivos encontros elas me contavam as ocorrências, os resultados. Cerca de 150 estudantes participaram desse projeto. No ano de 1997, outra professora de Matemática decidiu aplicar a modelação com uma turma do 6º ano (5ª série na denominação da época) do ensino fundamental. A aplicação ocorreu por quatro meses, durante o período letivo, e serviu para ensinar conteúdos do programa curricular de Matemática. O processo e os resultados animaram-na a fazer uso como pesquisa de sua dissertação de mestrado.

M – 3: crescimento restrito

O crescimento ou desenvolvimento de uma planta depende de condições ambientais, como água, iluminação solar, temperatura do ambiente, dentre outras. A luz solar é essencial para o desenvolvimento da planta. Suas folhas absorvem a luz solar e a utilizam como fonte de energia. Em muitas plantas, a semente é o que propicia a geração de nova planta.

A semente contém reservas de nutrientes e água para garantir seu viver. As condições do ambiente precisam atender ao que requer cada tipo de planta. Dentre as sementes que conhecemos, encontram-se o feijão e o milho. O feijão fica dentro de um invólucro (a vagem) e o milho, atrelado a uma espiga.

Quanto cresce em um espaço restrito uma planta como a do feijão ou do milho?

Nesta proposta, guiamos as crianças a verificar como cresce uma planta de feijão ou milho em um *espaço restrito* – isto é, limitado e sob certo ambiente. O assunto – crescimento restrito – foi prescrito em 1837 por Pierre François Verhulst (1804-49), matemático belga que, entre outros, propôs o chamado de modelo logístico. Esse modelo expressa que em ambiente restrito o crescimento de uma planta, por exemplo, não é indefinido. Limitações de espaço e nutrientes contribuem para essa restrição.

Para que as crianças possam verificar esse fato, propomos que elas façam atividade experimental, efetuando o plantio de sementes (feijão e/ou milho) em espaço restrito – que pode ser em uma lata, embalagem ou copo plástico. A criança pode fazer a atividade experimental na escola e/ou em sua residência. O ideal seria que cada criança fizesse o plantio na escola e, também, em sua residência, a fim de que pudesse envolver seus familiares na atividade.

Na escola, é preciso planejar e estabelecer horário de visita ao local onde as respectivas plantas desta atividade estarão, para que as crianças realizem o cuidado delas (coloquem água e retirem alguma erva daninha) e, ainda, tomem as medidas de crescimento dessas plantas com regularidade (horário e dia).

- **Objetivos**: inteirar as crianças sobre o desenvolvimento, a alimentação e as condições ambientais para desenvolver uma planta; sistema de medida linear e superfície.
- **Materiais necessários**: quatro vasilhas pequenas (copos plásticos ou latas), terra adubada, folha de papel quadriculada, tiras de papel ou barbante e fita métrica ou régua.

1ª ETAPA: PERCEPÇÃO E APREENSÃO

A criança é sensível aos diversos elementos que compõem seu entorno. Sensibilidade constitutiva à apreensão desses entes e que lhe instigam interesse. Assim, iniciamos esta atividade, *primeiro*, questionando as crianças sobre o que sabem ao respeito do crescimento das plantas: *quais* plantas conhecem; *como* são seus tamanhos, suas formas e cores (folhas, frutos, respectivas sementes); e, *segundo*, com base nas respostas dadas, comentamos sobre a natureza – os ciclos ou estações do ano e a contribuição do clima às plantas e, por efeito ou resultado, suas florescências, seus frutos, seus desenvolvimentos.

A partir dessa conversa, estabelecemos e organizamos um ambiente para que plantem as sementes, realizem cuidados necessários para que elas se desenvolvam e, assim, lhes propiciem obter os dados que nos valham no ensino. Seria interessante que cada criança ou grupo de crianças plantasse, simultaneamente, em um recipiente feijão e, em outro, milho. Assim, em dia e horário preestabelecidos, levamos as crianças ao ambiente para realizarem a atividade experimental. Iniciamos pedindo para cada grupo:

Passo 1
Colocar terra adubada em pelo menos três vasilhas ou recipientes (copo plástico ou latinha pequena).

Passo 2
Em cada uma, pôr uma semente (milho ou feijão), cobrir com pouca terra e molhá-la com pouca água.

Passo 3
Anotar na folha quadriculada: data do plantio e semente de qual planta (ver Modelo 3.1 a seguir).

Modelo 3.1
Quadro para anotar data de plantio e dados do desenvolvimento.

i	Dia	Milho (medida da planta)	Feijão (medida da planta)
1			
2			
3			
...			

2ª ETAPA: COMPREENSÃO E EXPLICITAÇÃO

Ao passar para esta etapa, as crianças já efetuaram o plantio das sementes (feijão e/ou milho) e, assim, passarão a provê-las com água e lhes propiciar um ambiente para que se desenvolvam. Uma experiência de aprendizagem, não apenas em inteirar de conteúdos, mas também para aprender a observar, a cuidar, a respeitar as plantas que contribuem no alimento delas. Um cenário diferente se apresenta a cada dia: o desabrochar, o desenvolver de uma planta, com características, matizes, nuances distintas.

Plantadas as sementes, as crianças começam a obter os dados – medidas das plantas periodicamente e respectivos registros. Os registros são constados: (1) no quadro com a medida e respectiva data; e (2) na folha quadriculada, a medida da planta expressada em um barbante ou tira de papel, colada nessa folha (conforme Modelos apresentados a seguir).

O tempo requerido para obtenção desses dados é em torno de 20 dias. Encerra quando o espaço para desenvolver as plantas não é suficiente e estas se mostram 'definhando'. Solicitamos a cada criança ou grupo:

- Tomar a medida do tamanho da planta a cada dia (usar um barbante ou tira de papel).

- Cortar o barbante ou a tira que corresponder ao tamanho da planta.
- Anotar a medida no quadro (cf. Modelo 3.2 a seguir).
- Colar cada tira ou barbante com a respectiva medida da planta em uma folha de papel quadriculada (ver Gráfico, com os dados do Modelo 3.3, a seguir).

Modelo 3.2
Medidas (em centímetros) referentes ao crescimento linear da planta.

Dia	P_1	P_2	P_3	P_4	P_5	P_6
17	08,0	05,5	1,4	07,0	06,5	05,2
19	13,0	10,5	1,5	11,2	12,5	08,5
21	15,5	13,0	1,6	14,0	15,5	09,5
23	16,0	14,0	1,8	14,5	16,0	10,0
25	18,0	15,0	2,1	15,0	17,3	11,2
27	19,7	17,9	2,2	16,5	18,1	13,1
29	21,8	22,7	2,2	22,0	21,3	19,6

Diversos momentos durante essa fase de coleta de dados – crescimentos das plantas – clamam aprender conteúdos dos programas do ensino, por exemplo:

- Compor os recipientes para o plantio das sementes (terra, água, adubo etc.) – Ciências da Natureza; tamanho e forma do recipiente, quantidades de terra, adubo e água – Matemática (sistemas de medidas).
- Medir o tamanho da planta, o quanto cresceu – Matemática (medida linear e representação gráfica).
- Saber: origem dessas plantas, regiões de produção – Ciências Sociais (História e Geografia).

3ª ETAPA: SIGNIFICAÇÃO E EXPRESSÃO

Neste momento, as crianças serão guiadas a fazer a representação dos dados e, assim, dispor do modelo de crescimento de uma planta restrito ao ambiente – limitações do espaço para crescer e dos nutrientes. Para dispor do modelo de crescimento, pedir às crianças para:

- Constar um ponto em cada extremidade da tira e/ou do barbante.
- Ligar esses pontos (ver Modelo 3.3 e Modelo 3.4), na sequência.
- Solicitar que observem os pontos ligados e digam com que figura ou letra do alfabeto se parece.

Modelo 3.3
Representação gráfica do crescimento da planta 02 (P_2).

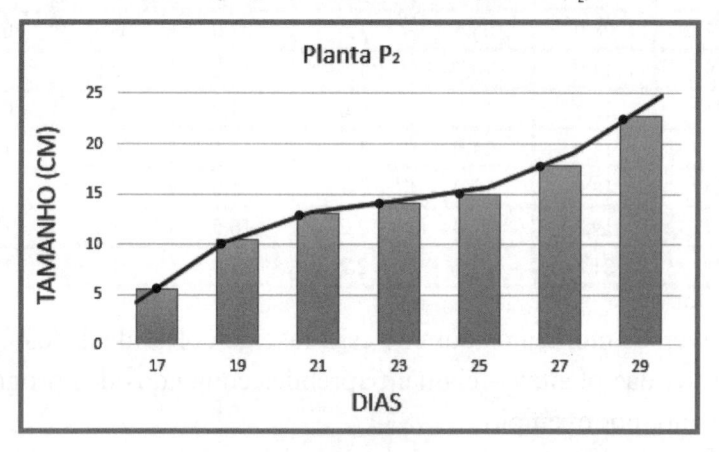

Modelo 3.4
Representação gráfica do crescimento da planta 04 (P_4).

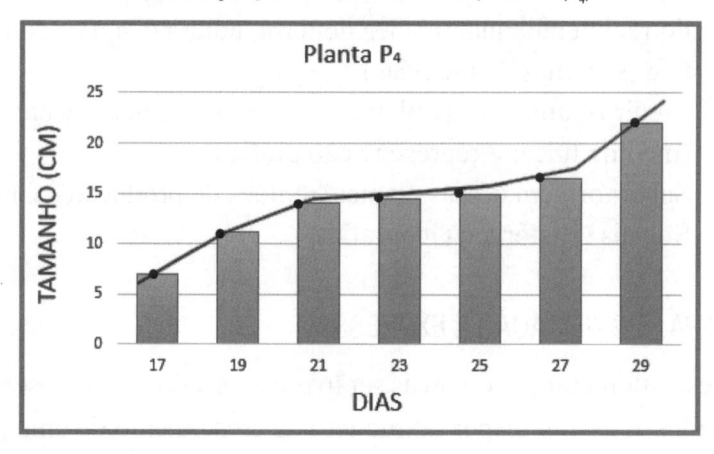

Modelo 3.5
Representação gráfica do crescimento da planta 06 (P$_6$).

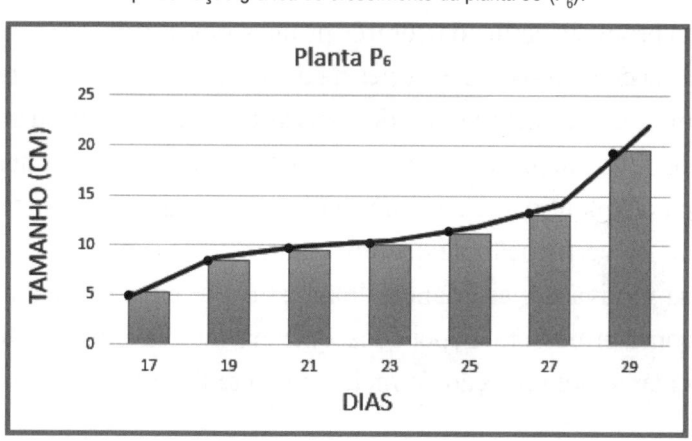

A expectativa no final desta proposta é de que as crianças compreendam que o crescimento de uma planta requer algumas condições do ambiente (luz solar, vento, água) e dos alimentos ou nutrientes disponíveis. E ao atingir seu crescimento, de forma natural, a planta se ajusta ao ambiente e passa a regredir. Cada planta tem suas fases e, portanto, seus tempos.

O essencial é que cada criança perceba essas fases no decorrer das atividades – no plantio, na observação das fases do crescimento, na alimentação da planta com água e luz solar, na limpeza do ambiente, entre outras. Mais que tudo, que ela perceba diversos elementos que são essenciais ao desenvolvimento de uma planta, em particular, o que essas plantas representam ao viver dela e dos demais seres vivos. E que essa experiência valha a cada criança, para valorar a aprendizagem alcançada neste espaço que ocorreu nas atividades realizadas em conjunto – isto é, aprender e sempre aprender com as outras crianças, outras pessoas.

> Todo visível é moldado do sensível, todo ser táctil está votado de alguma maneira de visibilidade, havendo, assim, imbricação e cruzamento, não apenas entre o tangível e o visível que está nele incrustado, do mesmo modo que, inversamente, este não é uma visibilidade nula, não é sem uma existência visual. (Merleau-Ponty, 1971: 131)

DAS APLICAÇÕES, UMA PARA ILUSTRAR

Esta proposta, aplicada por três professoras, em duas turmas de 3º ano e uma de 4º ano (2ª e 3ª séries na denominação anterior), também nos motivou muito. A maioria dos pais se envolveu, auxiliou seus respectivos filhos no processo de obter as sementes, a terra adubada, os potes para o plantio; e, mais importante, os pais acompanharam os/as filhos/as na verificação de quanto a planta se desenvolveu.

Essa motivação, as crianças 'expressavam' em sala de aula entre elas e com a professora. E, por consequência, motivavam as professoras a comentar sobre proteção do meio ambiente fazendo uso de vídeos.

M – 4: propagação de doença

No dia a dia, estamos sempre suscetíveis a contrair doenças causadas por vírus ou bactérias. As mais comuns são o *resfriado* e a *gripe*, que podemos contrair várias vezes ao longo de nossa vida. Em particular, nos meses de inverno, devido aos ambientes fechados. Assim, além de propiciar a doença, contraímos e disseminamos vírus para muitas pessoas.

Quando isso acontece, o surto é chamado *epidemia* (que vem do grego *epi*, que significa "sobre", e *demos*, que significa "pessoas"). E se a doença afetar pessoas de várias regiões geográficas ao mesmo tempo chama-se *pandemia* (do grego *pan*, que significa "todos"). Nesses casos, os epidemiologistas procuram entender as características fundamentais da doença e, entre tantas coisas, como ela se propaga.

Como se propaga o tipo de doença como a gripe?

Para que as crianças se inteirem desse tipo de doença e do necessário cuidado para evitar contraí-la e transmiti-la, vamos propor uma brincadeira que simula a propagação de uma doença – como a gripe, por exemplo. E, assim, conscientizá-las sobre alguns cuidados em relação à higiene e à proteção. Esta atividade requer o preparo de um conjunto de materiais previamente. A atividade pode ser realizada com todas as crianças ou divididas em turmas (cada turma com dez crianças).

- **Objetivos**: inteirar as crianças sobre conceitos e cuidados em relação a algumas doenças transmissíveis, e higiene pessoal.
- **Materiais necessários**: folhas de papel (para identificar o número da criança participante); pedaços de papel (com números para sorteio); fita adesiva; caneta; recipiente (saco ou caixa); calculadora ou programa computacional.

1ª ETAPA: PERCEPÇÃO E APREENSÃO

É provável que a criança em algum momento de sua vivência já tenha sido acometida por resfriado, gripe ou alguma outra doença adquirida por vírus ou bactéria. Assim, iniciamos a atividade perguntando às crianças se já tiveram alguma doença – como resfriado ou gripe – e, para quem responder afirmativamente, perguntamos: *quando, o que* sentia, *como* foi curada etc.

Neste momento, é possível orientá-las em relação à prevenção, em particular, no que diz respeito à higiene, aos ambientes fechados com certo número de pessoas suscetíveis a contrair ou transmitir algum vírus ou bactéria de doenças. Além dessa orientação prévia, que nos propiciará tratarmos de diversos assuntos de Ciências, vamos preparar as crianças para outros tópicos do programa curricular, a partir de uma dinâmica ou brincadeira para compreender melhor como uma doença é propagada.

Essa atividade requer o preparo prévio de uma parte experimental:

- tomar pedaços de papel e, em cada um, registrar um número (de 1 a *n* participantes) para identificar cada uma das crianças;
- dispor de um recipiente com todos os números correspondentes aos das crianças participantes que serão usados para sortear a pessoa infectada;

- fazer um quadro de anotações (conforme quadro do Modelo 4.1 a seguir);
- registrar o número de crianças participantes nesse quadro-modelo.

Para começar a brincadeira:

- entregar para cada criança uma folha de papel numerada e solicitar que a fixe de forma visível para as demais crianças participantes (por exemplo, fixada por fita adesiva);
- iniciar a brincadeira por uma das crianças – que será considerada a primeira infectada no 1º dia; solicitar que essa criança sorteie um número que se encontra no recipiente (saco ou caixa). O número sorteado corresponderá à segunda criança infectada. Assim, no 2º dia serão duas crianças infectadas (quantidades já registradas no Modelo 4.1).

> **Observação**: No 1º dia, há uma criança infectada e, no 2º dia, duas crianças infectadas. Assim, deve-se anotar no quadro-modelo 4.1, previamente, pois os valores variam a partir do 3º dia.

- seguir como se fosse o 3º dia: as duas crianças infectadas sorteiam um número cada uma. Anotar no quadro, na coluna referente ao 3º dia, o número 'x' de infectadas e, assim por diante, até que todas tenham sido infectadas;

Modelo 4.1
Dados da atividade experimental.

Número de pessoas participantes:											
	Dias Rodadas	**1º**	**2º**	**3º**	**4º**	**5º**	**6º**	**7º**	**8º**	**9º**	**10º**
Número de crianças infectadas	Rodada 1	1	2								
	Rodada 2	1	2								
	Rodada 3	1	2								
	...	1	2								
	Média	1	2								

Nota 1: Pode ocorrer que: (1) cada criança infectada sorteie um número diferente; ou (2) algumas sorteiem números diferentes e outras, os que já foram sorteados; ou (3) todas sorteiem números já sorteados.

Por exemplo: (a) se no 3º dia cada uma das duas crianças 'infectadas' sortear um número diferente, serão quatro crianças infectadas no 3º dia; (b) se uma sortear um número diferente e a outra sortear um número já retirado (de uma criança infectada) serão três infectadas; (c) e se ambas sortearem uma a outra, neste 3º dia, permanecerão duas, isto é, as mesmas crianças.

• na sequência, considerar o 4º dia; cada criança infectada sorteia outra, resultando o número de infectados;

• e, assim por diante, a cada dia, sempre registrando no quadro (5º, 6º, 7º dias); todas infectadas sorteiam um número correspondente à outra criança participante, a qual se torna infectada.

Nota 2: O número de dias de cada rodada não é fixo, pois a rodada finaliza quando todas as crianças participantes forem infectadas.

Nota 3: Se julgar interessante repetir a experiência, pelo menos, mais três vezes (rodadas), mais próxima a representação gráfica se aproximará de uma letra 'S', que é denominada *curva logística*.

2ª ETAPA: COMPREENSÃO E EXPLICITAÇÃO

Após a brincadeira para simular a propagação de uma doença, antes de abordar o conteúdo programático, podemos conversar com as crianças sobre essas doenças comuns, principalmente, no período de inverno em que os ambientes costumam ficar mais tempo fechados. Conteúdos relacionados à doença (conforme programa curricular) são essenciais neste momento. E devem ser inseridos não apenas para fazer sentido às crianças, mas também de tal forma que elas levem aos seus familiares, a suas comunidades.

Nesta atividade, caso tenham sido realizadas várias rodadas, pedimos às crianças que retomem o quadro com os dados e ensinamo-las alguns conceitos matemáticos, tais como:

- encontrar a média do número de crianças infectadas obtida em cada dia $\bar{N}_i$, após efetuar as rodadas;
- constar as respectivas médias no quadro, a seguir, a partir dos dados da experiência realizada. Como $\Delta t = 1$, basta obter a diferença: $\Delta N = N_i - N_{i-1}$. No Modelo 4.2, a seguir, temos um exemplo de um quadro preenchido com os dados.

Modelo 4.2
Dados de uma atividade experimental.

Número de pessoas participantes: 10									
	Dias Rodadas	1º	2º	3º	4º	5º	6º	7º	8º	9º
Número de crianças infectadas	Rodada 1	1	2	4	6	8	10	10	10	10
	Rodada 2	1	2	3	4	7	9	9	9	10
	Rodada 3	1	2	4	4	6	10	10	10	10
	Rodada 4	1	2	4	5	8	9	9	10	10
	Rodada 5	1	2	4	6	8	10	10	10	10
	Média	1	2	3,8	5	7,4	9,6	9,6	9,8	10

- representar os dados graficamente – a média das 'crianças' infectadas em cada dia:

N = N(t). A seguir, faça a representação gráfica dos dados da atividade.

> **Sugestão**: Primeiro, usar papel quadriculado e fazer a representação gráfica cartesiana; na sequência, usar outras formas de gráfico (setores, barras, colunas). Caso tenha disponíveis computadores e internet, levar as crianças a fazer uso das diversas formas de representação gráfica dos dados, por meio dos programas computacionais disponíveis.

Ao tratarmos de doenças – tão comuns como o resfriado e a gripe –, é importante também orientar as crianças sobre a prevenção – como evitá-las. Ou seja, tratar da higiene: não apenas com o próprio corpo, mas fundamentalmente com o ambiente. Conscientizá-las de que o ambiente não se restringe à moradia delas, mas a todo o entorno. Assim, alertá-las de que não devem jogar qualquer coisa no chão, como embalagens, materiais plásticos ou metal – que não são degradados; ou também restos de alimentos que propiciam aparecimento de alguns vermes que podem provocar outros tipos de doenças.

3ª ETAPA: SIGNIFICAÇÃO E EXPRESSÃO

Neste momento, falamos para as crianças sobre a significação dos dados obtidos na simulação de propagação de uma doença – do *modelo análogo*. Primeiro, solicitamos que observem a forma e o comportamento da curva, em particular, sobre o que acontece com o número de infectados à medida que o tempo transcorre. E na sequência, as questionamos sobre, por exemplo:

*Em que intervalo lhes parece que o número de infectados
aumentou, diminuiu ou nem aumentou nem diminuiu – nulo?*

*O que representam essas variações referentes
à disseminação da doença?*

*Com qual letra do alfabeto se parece
a representação gráfica dos dados?*

Modelo 4.3
Representação gráfica da atividade experimental.

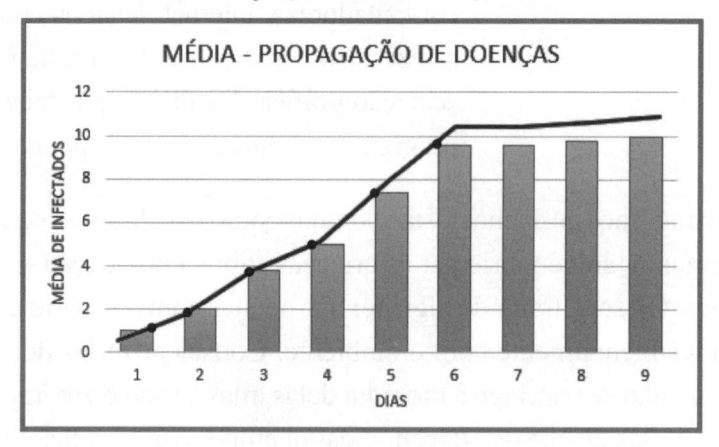

Observação: Se alguma das crianças disser que se parece com a letra **'S'**, podemos confirmar a todas. E a proposta finaliza para elas nesta etapa.

Ao final desta proposta, se além de ensinar os conteúdos programáticos nós conseguirmos conscientizar as crianças sobre a disseminação da doença, é salutar instigá-las a fazer a brincadeira com seus familiares e/ou outros colegas. Dessa forma, contribuímos para que tomem certos cuidados em relação à prevenção para evitar problemas de saúde.

Vale sublinhar que esta atividade envolve as crianças, por meio de uma brincadeira, na interação sobre prevenção de doenças como resfriado e gripe, tão frequentes nos meses mais frios. Uma brincadeira que as leva a compartilhar algo relativo ao tema – transmissão de doenças – e que nos favorece adentrar no assunto que permeia o 'adquirir-transmitir' doença: prevenção.

Prevenção clama *respeito ao meio ambiente*:

(1º)   separar o lixo reciclável do não reciclável; e
(2º)   não permitir que qualquer pessoa do convívio largue ou arremesse lixo nas calcadas, nas ruas, em terrenos baldios e/ou nas águas de riacho, no rio ou no mar.

Isso significa: é necessário ter higiene com o corpo, com a moradia, com o meio em que vive e, mais ainda, com o meio ambiente. E se conseguirmos oportunizá-las a esse entendimento – respeito ao meio ambiente, à natureza –, podemos ter esperança na possibilidade de não continuarmos destruindo a vida de nosso planeta. Eis aí nossa importância!

> Agir em harmonia com a natureza equivale a agir espontaneamente e em consciência com a natureza de cada indivíduo. Significa confiar na inteligência intuitiva do indivíduo, inata na mente humana da mesma forma que as leis da mudança são inatas a todas as coisas que nos cercam. (Capra, 1983: 93)

DAS APLICAÇÕES, UMA PARA ILUSTRAR

Esta atividade, aplicada por duas professoras, respectivamente, em duas turmas de estudantes de 5º ano (4ª série, denominação anterior), devido à dinâmica, foi muito divertida para todos – tanto para as crianças, quanto para as professoras. E, em meio a essa brincadeira para levantar os dados, os temas – transmissão de uma doença e cuidados higiênicos – foram mais bem assimilados, mantiveram as crianças atentas. Uma das professoras fez uso desses dados em sua monografia de pós-graduação *lato sensu*.

M – 5: ornamentos

A natureza – sinônimo de beleza, harmonia e expressão – tem instigado a imaginação e o senso criativo das pessoas. As cores e as formas das plantas, dos insetos, dos pássaros, das rochas diversas não apenas encantam, como também impulsionam muitas pessoas a criarem algo para enfeitar o espaço do seu viver e, ainda, seus adereços para vestimentas, roupas e adornos. Entre as tantas criações artísticas, encontra-se o ornamento. Há diferentes tipos de ornamento, os que são feitos em tapeçarias, vitrais, como: as *rosetas*, as *faixas* e os *mosaicos*. Ornamentos estão presentes em adornos e adereços dos mais diversos povos.

Ornamento é a arte de compor um adorno a partir de um elemento gerador ou motivo que se repete, seguindo uma lógica ou regra, denominado *isometria*. A gramática dos ornamentos estabelece a classificação dos grupos de isometria, enfatizando as propriedades matemáticas de *translação, rotação, reflexão* e *translação refletida* ou *glissoreflexão*. O conceito de isometria pode ser encontrado em ornamentos de diversas culturas, como em tecidos, utensílios, tapetes, azulejos, entre tantos.

Na Matemática, consideram-se três tipos de ornamento ou arte decorativa: ***faixas decorativas***, nas quais o motivo se repete indefinidamente, dentro de uma faixa limitada por duas retas paralelas; ***rosetas***, nas quais a repetição ocorre dentro de uma região limitada do plano; e ***mosaicos***, nos quais a figura se repete de maneira a recobrir o plano todo. A composição de cada um dos três tipos de ornamentos segue uma ordem, uma orientação.

Quais são os passos requeridos para elaborar uma faixa, uma roseta, um mosaico?

Como o *desenho* é uma das primeiras formas de expressão escrita das crianças, vamos propor a elaboração de ornamentos com especial foco no estímulo e no aprimoramento do talento criativo delas. Ornamentos que lhes propiciarão observar: o encanto e a harmonia da natureza e as artes produzidas por diversas pessoas, como: vitrais de igrejas, tapeçarias, crochês e tricôs, entre outras. E, assim, estimular a observação e aguçar o interesse das crianças pela natureza (sua beleza, seu encanto, sua harmonia) e pelas artes que ilustram o entorno delas.

- **Objetivos:** inteirar as crianças sobre conceitos de geometria plana, isometria e arte decorativa – ornamentos; cultura e sociedade; História e Geografia.
- **Materiais necessários**: folhas de papel e/ou caderno de desenho, lápis, régua, compasso ou algum objeto circular, tesoura e cola bastão.

1ª ETAPA: PERCEPÇÃO E APREENSÃO

A essência nesta primeira etapa é instigar as crianças: (1º) a observar seu entorno; (2º) a identificar as formas e cores das folhas, dos caules e flores de diversas plantas; (3º) a perceber as formas e estruturas das teias de aranhas, os ninhos de pássaros, as formas e cores das borboletas, enfim, as diversas formas e cores que lhes chamem a atenção. Quer dizer, envolver as crianças com a natureza e com as artes que ilustram o meio: suas belezas, seus encantos, suas harmonias.

O estímulo à observação dos diversos ornamentos pela criança pode aguçar *o interesse* delas pelas criações naturais e, ainda, por aquelas elaboradas pelas pessoas – tornando suas ambiências mais prazerosas e confortáveis no estar (beleza, encanto, harmonia). Para esse alcance, seria interessante se a escola dispusesse de um ambiente com vegetação natural – plantas, flores, pássaros e insetos diversos.

Caso a escola não disponha desse ambiente, *primeiro*, podemos organizar e apresentar materiais (imagens e/ou vídeos) que provoquem o interesse das crianças; em um *segundo* momento, levá-las a visitar um parque – com plantas, insetos, pássaros, minerais, rochas; e em um *terceiro,* organizar a visita a um museu de arte e/ou a uma mostra de artesanato. Na sequência, pedimos a elas que tragam imagens e/ou materiais (como bordados, crochês etc.) de suas residências – um modo de envolver os progenitores das crianças nesse aprender.

Para que as crianças se encantem com o fazer/elaborar um ornamento e apreender alguns conceitos (matemáticos e das ciências), iniciamos esta proposta com um primeiro ornamento: a *faixa decorativa*; e, na sequência, a *roseta*. O *mosaico* deixamos para a 3ª etapa, momento em que os principais tópicos do programa curricular já foram ensinados – portanto, tempo para propiciar que o senso criativo delas se 'expresse'. Sempre nos utilizamos de imagens desses três tipos de ornamentos para começar a ensiná-los. Conceitos de Ciências (artística, da natureza e sociais) estão presentes e nos proporcionam ensinar as crianças nos momentos certos para que melhor lhes façam sentido.

Na sequência, de acordo com o planejamento, solicitamos às crianças trazerem os materiais (papel, tesoura pequena, cola etc.), as agrupamos e dispomos os materiais a cada grupo. Os papéis com os quais serão elaboradas as *faixas decorativas* podem ser em tiras – cada tira de papel com, mais ou menos, 4 cm de largura, ou desenhadas nas folhas. E para as rosetas, folhas de papel nas formas quadrada e circular. Para as crianças do 1º ou 2º ano, as tiras de papel podem estar divididas conforme o tamanho do molde que vamos propor; de igual forma, para realizarem as rosetas, as folhas devem ser nas formas quadrada e circular.

2ª ETAPA: COMPREENSÃO E EXPLICITAÇÃO

Nesta etapa, vamos mostrar como se fazem os ornamentos – *faixas*, *rosetas* e *mosaico*s – em tempos pertinentes e ensinar diversos conteúdos durante o processo. Esse fazer – desenhar, criar uma imagem – suscita um ambiente favorável e nossa cuidadosa atenção no apreciar e estimular o senso criativo de cada uma das crianças. Podemos orientar as crianças dos 3º ao 5º anos, solicitando:

- ■ pegar um pedaço de papel-cartão ou cartolina e fazer um molde, ou utilizar um objeto (chave, moeda ou clipes etc.) como molde.

Esse molde pode ser utilizado para fazer a *faixa*, a *roseta* e o *mosaico*. Mas, sem dúvida, é importante que as crianças façam outros moldes para outros ornamentos – um estímulo ao senso criativo delas. Iniciamos com a *faixa decorativa* pontuando alguns conceitos de geometria plana, embora haja conceitos de todas as áreas do programa curricular. Faremos duas propostas: uma, por meio do molde e a outra, usando recortes. Na sequência, propomos fazer a roseta, também, dessas formas.

Nota:	Apresento três tipos de ornamentos na sequência, contudo, cada um é proposto em diferentes momentos e de acordo com o que planejamos ensinar – para não desvincular a proposta do programa curricular.

1.1. FAIXA DECORATIVA

Podemos fazer faixas decorativas utilizando um molde ou modelo, ou efetuando recortes.

1.1. a: **Faixa Decorativa por meio de um molde**. Solicitamos às crianças:

Passo 1
Contornar o molde na folha de papel;

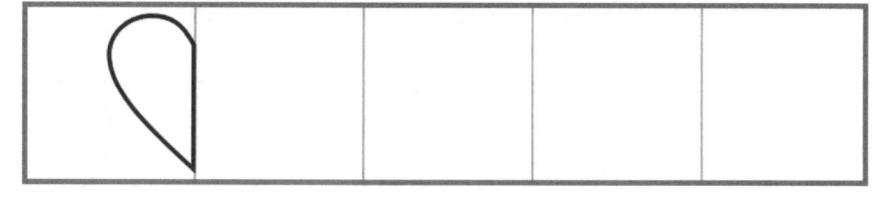

Passo 2
Deslizar o molde sobre a folha de papel e contorná-lo novamente.
Este movimento (deslizada) chama-se *translação*.

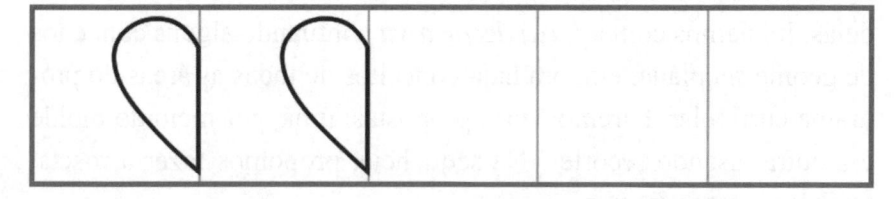

Passo 3
Marcar alguns pontos sobre as duas figuras (de forma conveniente), ligando-as.
Estes traços obtidos chamam-se *segmentos*.

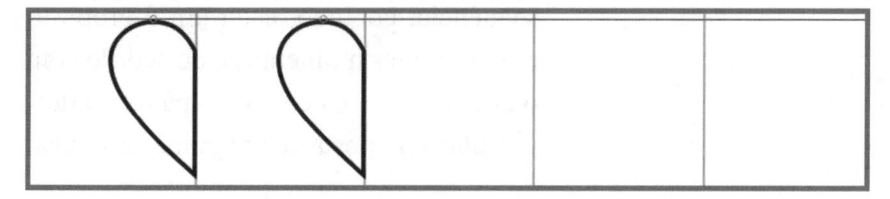

Passo 4
Estender os dois segmentos para que sejam *paralelos*.

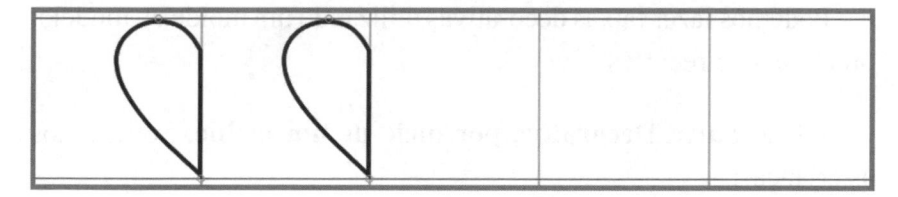

Passo 5
Contornar, em seguida, o molde ao longo da tira (entre os segmentos paralelos),
de tal forma a manter o mesmo espaço ou distância entre uma figura e outra,
efetuando a *translação* – obtendo uma *faixa decorativa*.

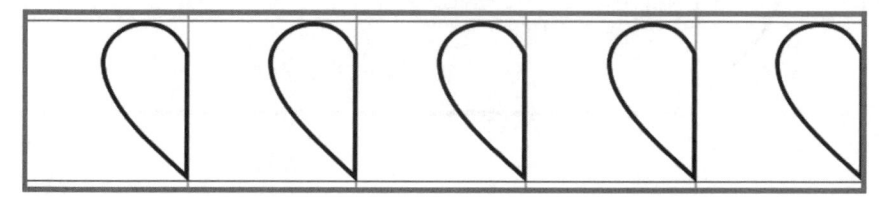

Nota: Se as crianças são do 1º ou 2º anos iniciais, entregue as tiras divididas em partes iguais, de tal forma que a criança contorne o molde em cada parte, mantendo mais ou menos a mesma distância entre um contorno e outro.

Passo 6
Pintar e/ou reelaborar cada um dos desenhos, de forma a obter uma faixa.

Observação: A seguir, exemplo realizado por crianças dos anos iniciais (ornamento realizado sob a orientação de professora que participou dos cursos de formação continuada que ministrei).

1.1. b: **Faixa decorativa por meio de recortes**. Solicitamos às crianças:

Passo 1
Pegar uma folha de papel na forma retangular, dobrá-la ao meio e, em seguida, fazer uma linha sobre a dobra. Essa linha (ou segmento) é *perpendicular* à borda superior e inferior e paralela em relação às outras duas bordas.

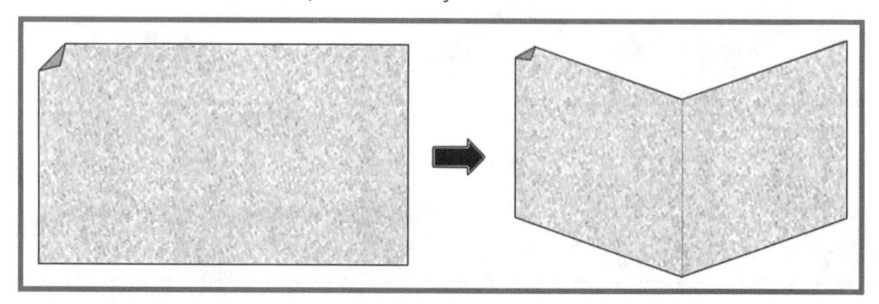

Passo 2

Recortar essa folha dobrada ao meio, sem separá-la. Ao abri-la, obtemos duas figuras iguais, porém invertidas. A figura obtida na chegada corresponde à imagem especular da figura inicial. É como se o objeto estivesse diante do espelho. Esse movimento é chamado *reflexão*.

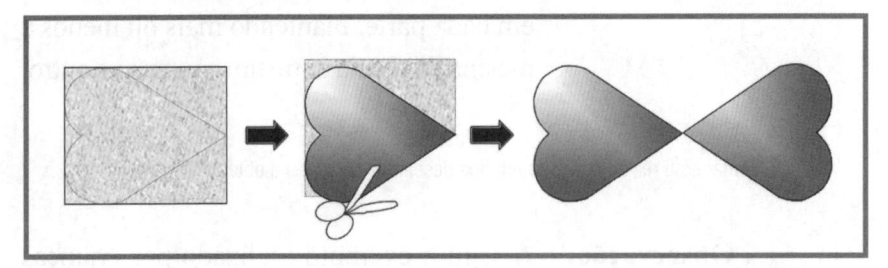

Passo 3

Na sequência, pegar uma tira de papel de forma retangular e dobrá-la como se fosse uma sanfoninha.

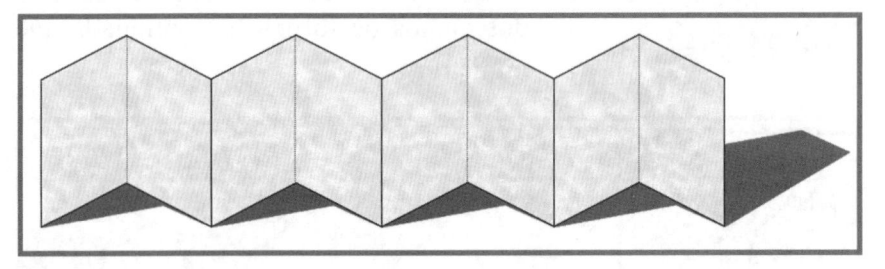

Passo 4

Recortá-la, com uma tesoura, como julgar conveniente. Tem-se outra *faixa decorativa*.

2.1. a: **Roseta utilizando molde.** Solicitamos às crianças:

Passo 1

Pegar uma folha de papel na forma quadrada, dobrá-la ao meio duas vezes e, em seguida, traçar uma linha a lápis nas respectivas dobras, obtendo linhas perpendiculares – dispondo 4 partes.

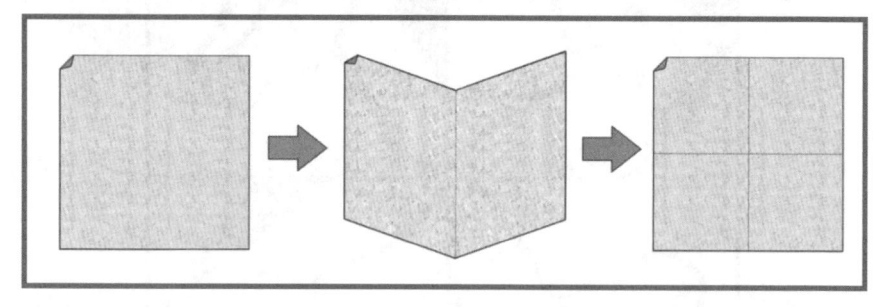

Passo 2

Usar um molde e esboçá-lo em cada parte – isto é, esboçar a imagem em uma parte, girar e, seguindo a mesma 'ordem', esboçar na segunda, na terceira e na quarta parte – obtendo uma roseta.

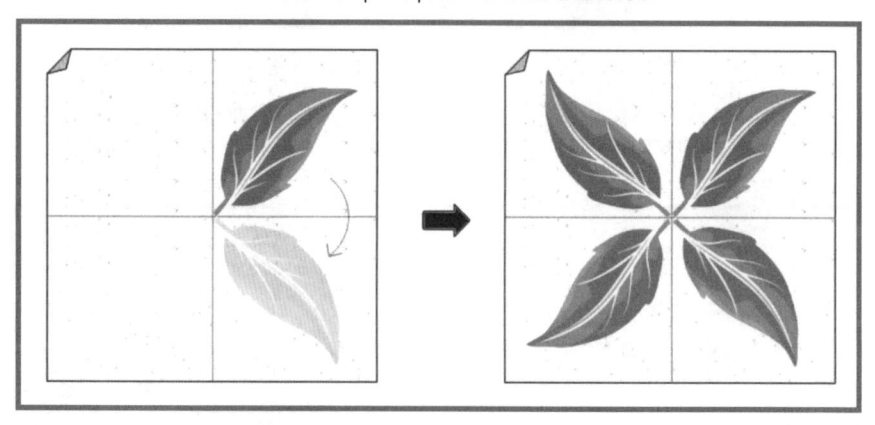

Passo 3

Colorir e constar algo para ilustrar. Este 'giro' chama-se *rotação*.

Passo 4

Pegar, mais uma vez, uma folha de papel na forma quadrada. Dobrá-la na diagonal, obtendo um triângulo; então, dobrar esse triângulo ao meio e, do triângulo resultante, dobre ao meio novamente, sempre fazendo vincos.

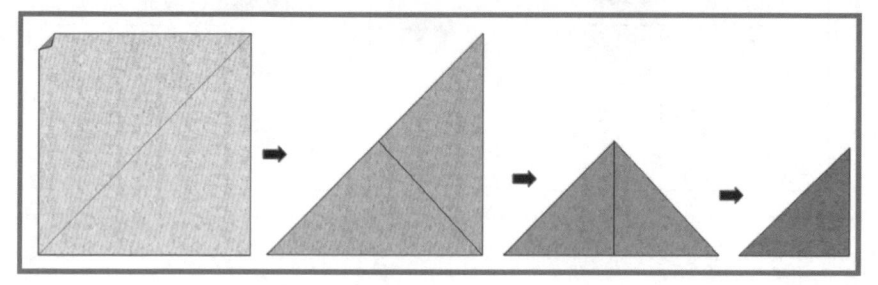

Passo 5

Traçar linhas a lápis nas respectivas dobras, obtendo linhas perpendiculares – dispondo 4 partes.

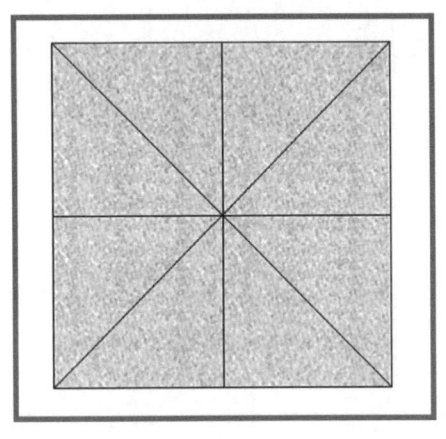

Passo 6

Usar um elemento gerador criado para este fim ou algum objeto;
e constar em cada parte uma imagem – o contorno desse elemento gerador ou imagem (desenho).

Passo 7
Ilustrar e pintar a roseta.

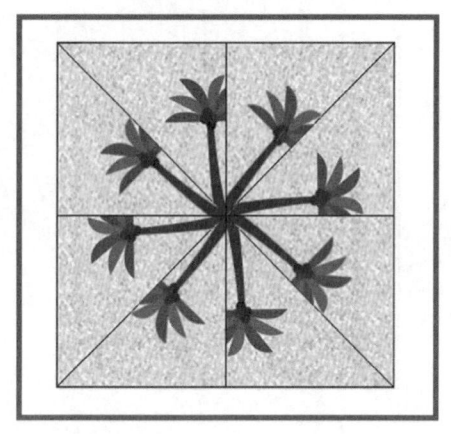

2.1 b: **Roseta por meio de recortes.**

Essa roseta pode ser feita com folha de papel na forma quadrada e/ou circular. Iniciamos pela forma quadrada e, na sequência, propomos na forma circular, pois envolve outros conceitos.

Utilizando folha de papel na forma quadrada, solicitamos às crianças:

Passo 1
Tomar uma folha de papel na forma quadrada e dobrá-la na diagonal –
tal que fique na forma de triângulo.

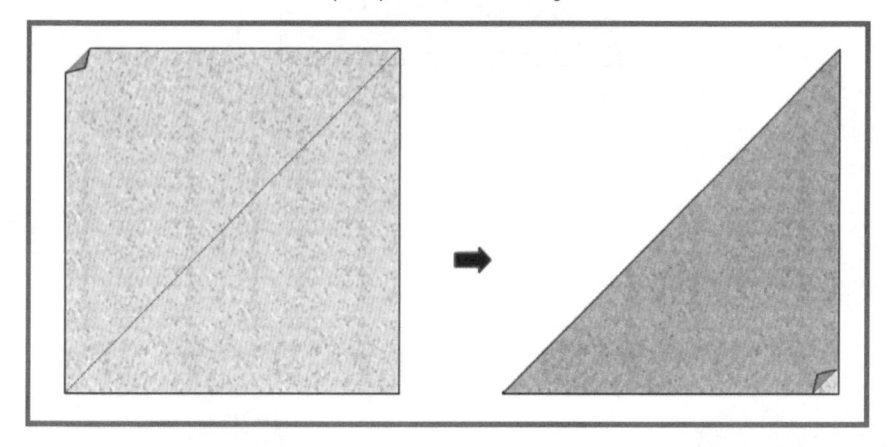

Passo 2
Dobrar novamente, chegando a um triângulo menor.

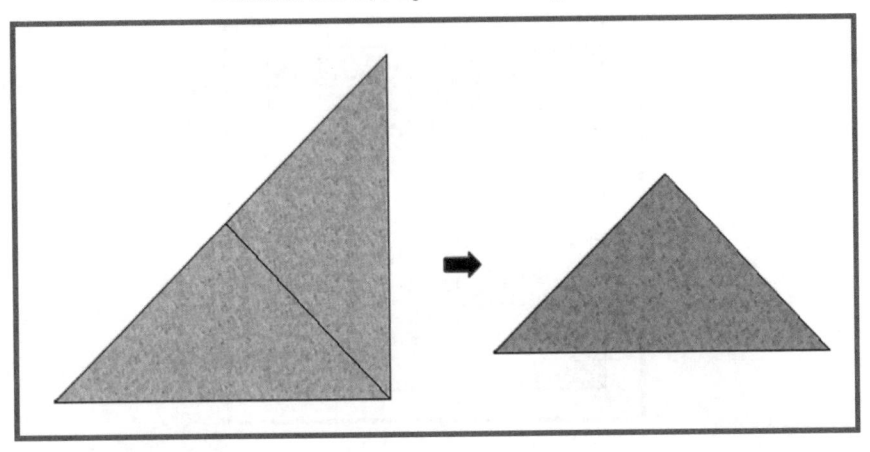

Passo 3
Pressionar a dobra obtendo um vinco e, com uma tesoura, fazer recortes como quiser.

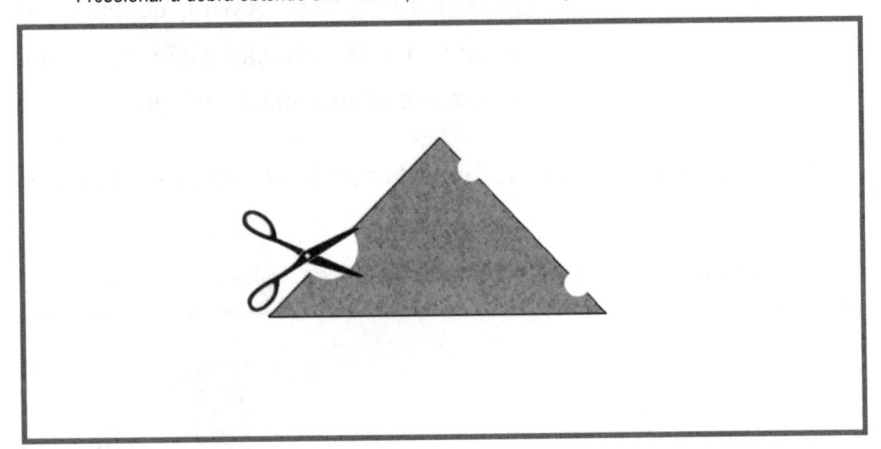

Passo 4
Abrir, ilustrar e pintar, caso queira.

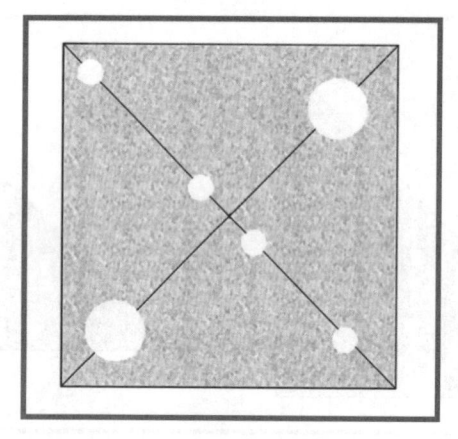

Observação: Quanto mais dobras forem feitas, mais partes a roseta terá. Assim, dependendo do ano que as crianças estão cursando, podemos estender mais a proposta.

Utilizando folha de papel na forma de círculo, orientamos às crianças:

Passo 1
Pegar folha de papel na forma circular e dobrá-la ao meio – obtendo meio círculo.

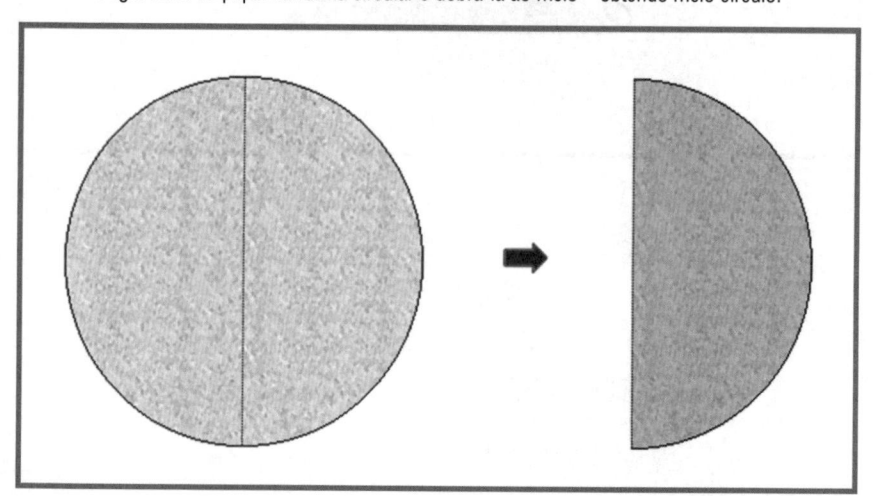

Passo 2
Dobrar novamente, chegando a um quarto do círculo e dobrar mais uma vez,
obtendo um círculo dividido em várias partes – cada uma denomina-se *setor circular*.

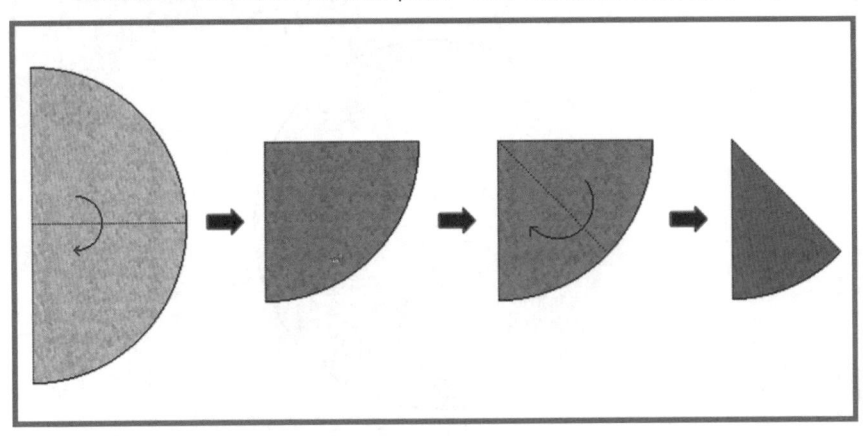

Passo 3
Pressionar a dobra obtendo um vinco e, com uma tesoura, fazer recortes como quiser.

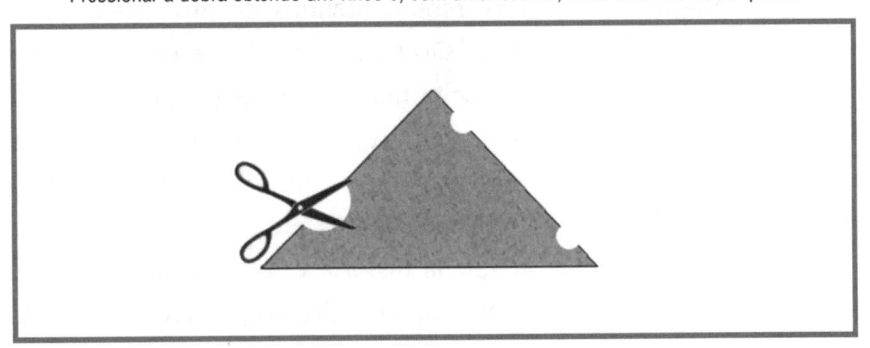

Passo 4
Abrir, ilustrar e pintar, caso queira.

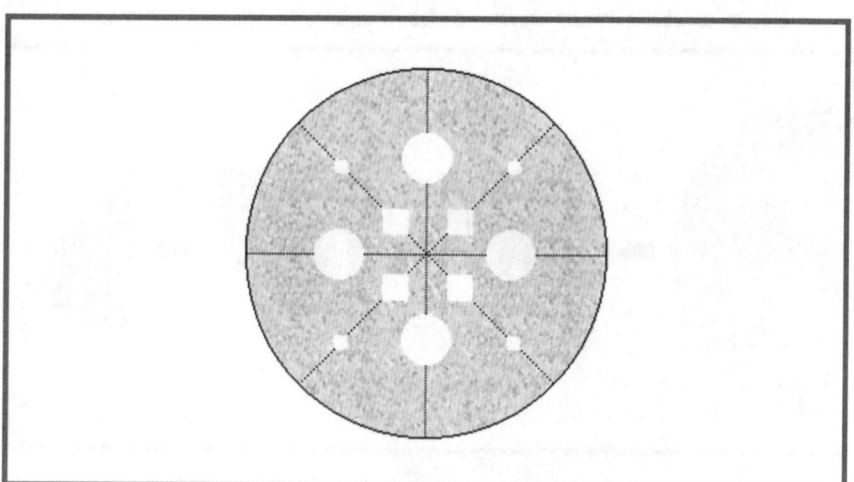

Nota: Diversos conteúdos do programa curricular são suscitados. Por exemplo, roseta – suscita flores. E flores suscitam: origem delas, clima que lhes é favorável, região de origem, cores e formas, entre tantos outros. Cada um desses elementos nos permite tratar da história e da geografia de onde cada uma proveio, do período do ano em que desabrocha, dentre outros aspectos.

3.1. MOSAICO

Mosaico é um ornamento que cobre parte do plano. No contexto matemático, é uma figura do plano em que há duas 'translações' não paralelas. Assim, para fazer um mosaico é necessária uma folha reticulada – denominada de *rede*. A rede pode ter forma de *quadrado, retângulo, triângulo, hexágono, trapézio, paralelogramo*. Sugiro que o/a professor/a traga para as crianças essas folhas reticuladas (ou redes). Inicie com rede quadrada ou retangular e, se quiser estender a proposta e o conteúdo, podem-se utilizar outras formas de redes também.

3.1. a: **Mosaico utilizando molde**. Solicitamos às crianças:

- Fazer um molde (com papel-cartão ou cartolina) ou utilizar algo que valha como molde (chave, clipe etc.).
- Preencher com o molde a rede, aplicando uma ou mais propriedades de isometria (translação, rotação, reflexão), formando um *mosaico*.

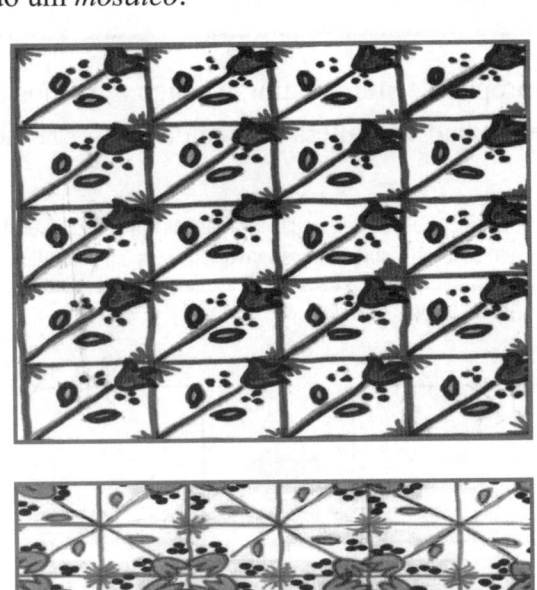

3.1. b: **Mosaico alterando a região**

Esse tipo de mosaico é encontrado nas obras do artista holandês Maurits Cornelis Escher (1898-1972). O/a professor/a pode levar para a sala de aula exemplos das obras de Escher – imagens, vídeos disponíveis na internet. Além das maravilhosas obras desse artista, o momento torna-se propício para expor também imagens do país em que Escher nasceu, mostrando mapas, contextualizando distância, climas etc., além dos idiomas falados, entre outros.

Começar a proposta com a questão:

> *Como fazer um mosaico similar aos de Escher?*

Antes de propor a feitura de um mosaico, guiamos as crianças a modificar uma região sem alterar a medida da superfície/área:

Passo 1

Pegar um pedaço de cartolina ou papel-cartão, na forma de um retângulo, e, em seguida, recortar um pedaço qualquer de um dos lados.

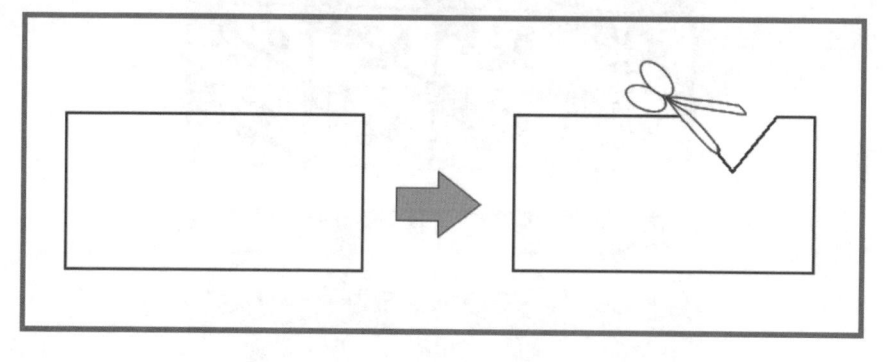

Passo 2
Contornar em uma folha esse retângulo, sem a parte recortada.

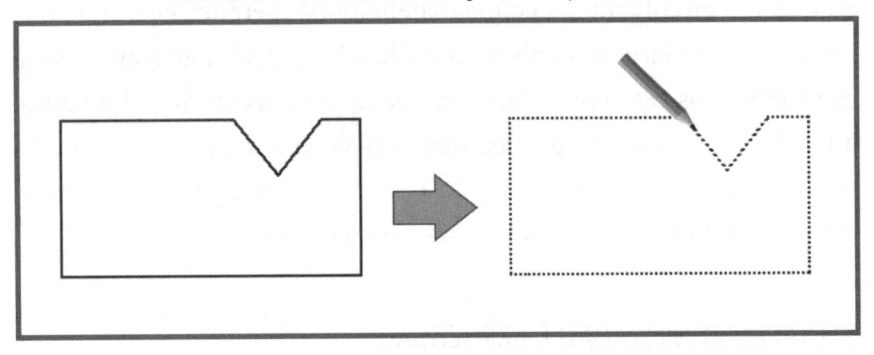

Passo 3
Usar o pedaço recortado de forma conveniente, contorná-lo
em qualquer outra parte do pedaço de retângulo.

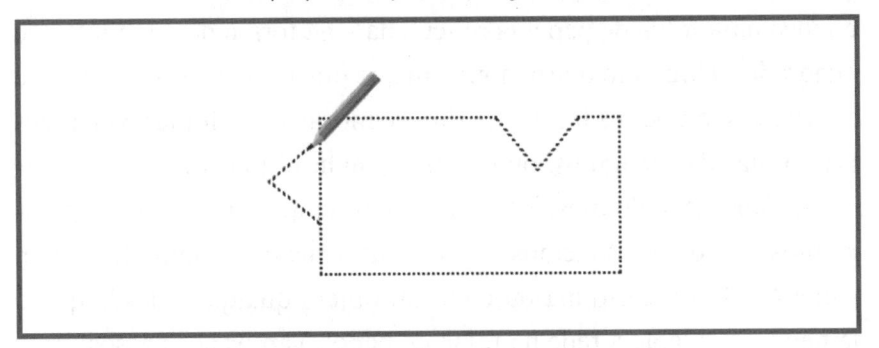

Embora a forma mude, a *área* da figura obtida
é a mesma do retângulo inicial.

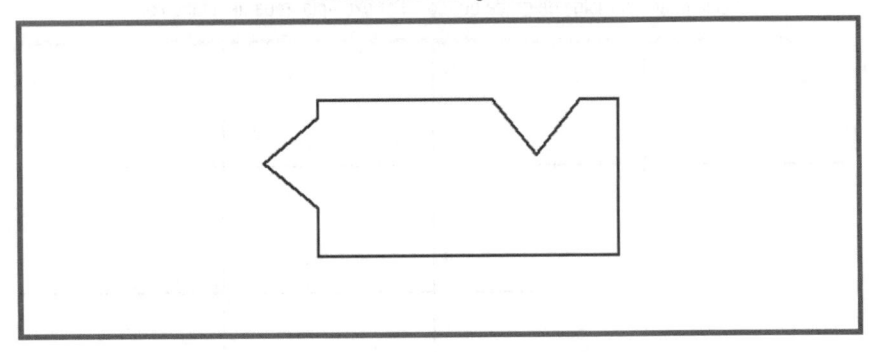

Os procedimentos na elaboração dos ornamentos (roseta, faixa e mosaico) envolvem conceitos matemáticos (geometria, sistema de medidas e isometria) e, também, das Ciências e das Linguagens. Como os ornamentos estão presentes em quase todas as culturas humanas, a história, a região geográfica das pessoas que os produziram e as distintas linguagens na produção (falada, escrita, pictórica, sinais, entre outras) nos valem como fontes para ensinar.

3ª ETAPA: SIGNIFICAÇÃO E EXPRESSÃO

Na sequência, vamos propor que os estudantes façam um mosaico usando o mesmo procedimento anterior. Ofereceremos a cada criança uma folha de papel já reticulada – na forma de retângulos ou quadrados. (Mas, em outro momento que julgar interessante, convide as crianças também a fazer esse tipo de mosaico em folhas com redes nas formas de triângulos, ou losangos, ou hexágonos).

A elaboração do mosaico requer mais tempo que os demais ornamentos propostos. Podemos sugerir a utilização do molde feito com papel-cartão ou cartolina ou com um objeto qualquer, desde que o tamanho se adapte à rede na folha de papel. Vamos aos passos:

Passo 1

Selecionar um molde de grade ou rede. Por exemplo, rede de retângulos:

Passo 2

Crie um molde, fazendo uso das dimensões da figura que forma a rede – neste exemplo, um retângulo. E, então, escolha o(s) lado(s) que quer 'retirar' a(s) respectiva(s) parte(s) e efetue a retirada. Sugestão: usar folha de papel-cartão ou cartolina para fazer esse molde.

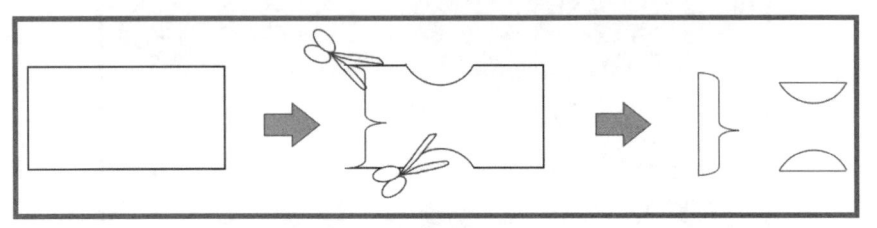

Passo 3

Coloque essa(s) parte(s) retirada(s) em outra(s) parte(s) da figura – folha de papel.

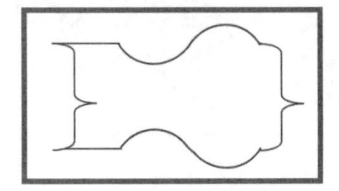

Passo 4

Utilize esse molde, ou siga o mesmo procedimento, completando a rede.

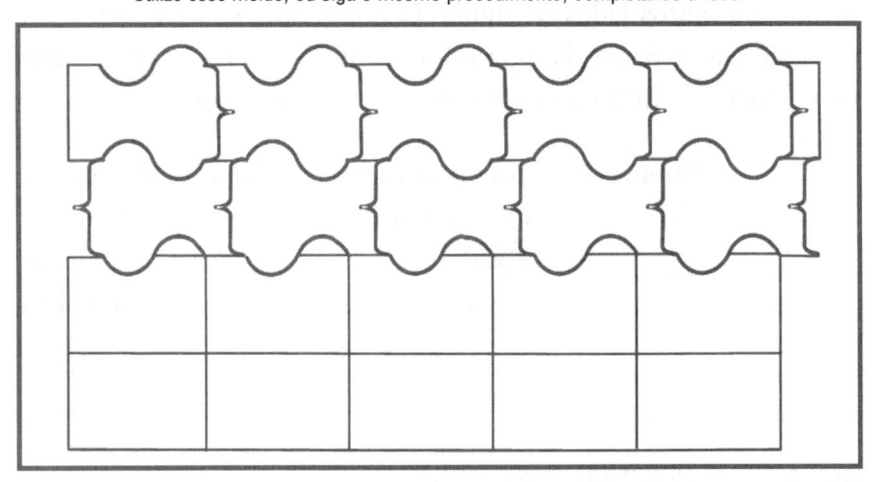

Um exemplo para ilustrar:

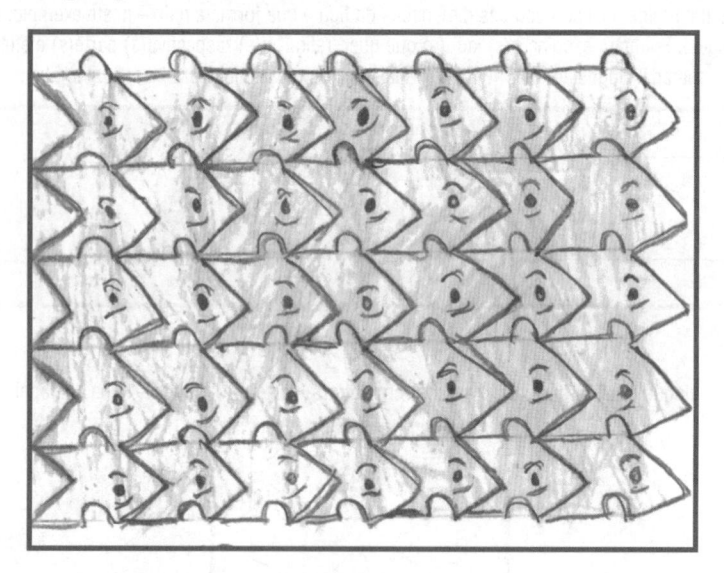

Dependendo do período escolar, por exemplo, com crianças do 3º ao 5º anos, podem-se usar moldes diferentes e aplicar, respectivamente, em outros lados da figura. O importante é que elas possam observar que as partes da figura são permutadas, a rede é deformada, mas a área – medida da superfície – permanece a mesma.

> **Comentário**: Ao concluir essa modelação, as crianças, além da obra artística, saberão valorizar a arte produzida por pessoas, tais como: pinturas, artesanatos, escultura, desenhos, entre outras.

DAS APLICAÇÕES, UMA PARA ILUSTRAR

Esta proposta foi uma das mais aplicadas. Algumas centenas de crianças aprenderam a fazer ornamentos. Uma das razões para seu maior uso é que durante os cursos que ministrei para professores/as, a maioria se entusiasmava com essa atividade e fazia suas faixas decorativas, rosetas e mosaicos com cuidadoso esmero e senso criativo. O que, de certa forma, os/as motivavam a ensinar as crianças. E, como resultante, a maioria das crianças, também, se motivava.

DESSAS PROPOSTAS, EXPECTATIVA

A criança aprende por meio de atividades. É um saber que faz parte de sua natureza. E sempre que satisfaz seu querer, muitas vezes é impulsionada a empenhar-se na realização de outras coisas. Intenso interesse, produzido ou não de forma espontânea, contribui para que suas curiosidades, imaginações e ideias aflorem. Segundo Max Scheler (1963: 136), esse saber culto é o que a nutre e, portanto, instiga a "aprender a construir construindo". Trata-se de um saber harmônico, estrutural, vital e orgânico – é um saber de salvação: aprende a construir construindo.

Assim, nós, professores, não podemos deixar de estimular seus sensos imaginativos e fazer uso deles na aprendizagem de Ciências, Linguagens e Matemática. As expressões das crianças aportam sentidos, significados. E sua experiência individual compartilhada com as outras crianças e pessoas ao seu redor influencia suas vivências, seus saberes. E, ainda, lhes propicia apreciar seus alcances, captar a existência dos conceitos envolvidos, perceber seus objetos e, assim, estimular sua imaginação para propor algo.

"A imaginação reconstrói toda sua figura. Processo imediato que se realiza pelo pensamento e imaginação", disse David Hume. Essa impressão presente pode "variar e se modificar de certo modo de acordo com as ações, os viveres". E a criança, pelo viés de seu natural senso criativo, revela-se motivada e interessada em querer saber.

As propostas apresentadas, além de ilustrarem diversos tópicos do programa curricular, visam aguçar a curiosidade das crianças no âmbito escolar, por meio de atividades que as levem a observar e apreciar o meio circundante proporcionado pela natureza, pelas criações de várias pessoas, enfim, por todo encanto que as rodeia. Esse olhar das crianças para a natureza, o entorno, pode sensibilizá-las a prestar atenção às obras criadas pelas pessoas. E, especialmente, a querer expressá-las desenhando, aguçando seu senso imaginativo, criativo. Em particular, à medida que essas crianças realizarem algo.

Pelo que disse Osborn (1971), a inspiração provém de estímulos e da associação ao observar alguns elementos de seu entorno: fontes que lhe instigam ideias propícias a sua imaginação. Assim, em cada atividade, é importante estimular a percepção-apreensão dessas crianças de tal forma a gerar, em suas mentes, imaginações e ideias, e, portanto, concepção – conhecimento. Concepção que propicie a cada uma delas formar imagens, conceitos; criar objetos; dar forma, cor, sentido ao mundo em que vivem. Êxito que depende, também, do modo como estimulamos suas curiosidades, suas emoções, seus interesses durante o processo de ensino, orientação.

Esta característica notável da criança – curiosidade – não pode ser 'obscurecida' na/pela escola. Assim, esperamos que essas propostas, por meio do nosso ensino, valham para guiar, apontar direções, aplicações – gerando uma expressão, ilustrando o estar delas seus viveres. E que tais expressões instiguem o interesse de cada uma delas a querer saber, a querer fazer. Adaptando os dizeres de Osborn (1971: 173): "O senso criativo requer continuidade. A iluminação, as ideias surgem de fontes obscuras, enquanto a inspiração geralmente provém de estímulo". Assim, se esperamos que nosso ensino gere aprendizagem, faça sentido para as crianças dos anos iniciais, empenhemo-nos. Afinal, "não existe verdade mais certa do que a máxima crua: experimente e experimente de novo".

TORCER, PARA ENCIMAR

*Saber e sorver o que é dito aprimoram e fazem eclodir diferentes
ideias e, por conseguinte, diferentes e frutíferas interpretações – que
são preconcepções das possíveis representações ao longo dos tempos.*

Ao chegar a este ponto final, não posso deixar de sublimar a escola como um espaço físico importante à formação das pessoas. Formação não apenas de saberes considerados base para a atuação de cada um de nós, mas especialmente, pela possibilidade suprema de convivência com outra pessoa: essencial natureza em sociedade. E nesse conviver, as diferenças esvaecem, contribuindo para a multiplicidade de ideias e, por resultado natural, para a multiplicidade das coisas, dos objetos, dos estares.

Apesar de a escola dispor dessa fonte suprema à nossa formação, ainda produz a ideia, a sensação para a maioria das pessoas de um lugar penoso que é preciso frequentar pelo menos por 12 anos – período da educação básica (ensinos fundamental e médio). Uma das razões aponta para a forma de ensino: exposição de tópicos do conteúdo programático de maneira apartada, sem contextualizar, sem indicar aplicações. Citando Spencer (1820-1903), antropólogo, biólogo e filósofo inglês, nessa forma tradicional de ensino (1963: 136):

O que aprende não faz parte do seu ser, não se converte em medula mental, nem em norma de conduta. O conhecimento que damos informa, mas não forma. E, assim, a ciência, chamada a produzir a fecundidade da mente, a deixa estéril.

É essa a forma de ensino adotada – que perpassa muitas décadas – dos anos iniciais ao final do ensino superior, em que o programa curricular é dividido em disciplinas, cada disciplina sob responsabilidade de um/uma professor/a, especialista em uma área. E cada um desses professores querendo que cada um dos estudantes seja o único *gênio – saber tudo sobre o que foi ensinado a partir dos fragmentos apresentados.*

Para que possamos mudar essa forma de ensino sem aprendizagem, há três décadas defendo a modelação como método na educação básica, em especial. Tal defesa baseia-se nas dezenas de atividades que realizei com estudantes dos anos iniciais do ensino fundamental aos finais do ensino superior, direta e indiretamente, por meio de professores simpatizantes à proposta.

Nos anos iniciais do ensino fundamental, graças a esses especiais colaboradores – professores que aderiram à modelação –, foi possível dispor de resultados animadores das dezenas de propostas, em particular, ao me propiciarem registros do ensino e da aprendizagem: *dos fazeres, dos dizeres* e *das respostas* às indagações das crianças no processo e no final das atividades.

Indagações a fim de identificar o que aprenderam e apreenderam a partir do que foi proposto. E não apenas sobre o que aprenderam de certo tópico, de certa disciplina, mas, o que apreenderam sobre o *tema/assunto* e sobre os respectivos tópicos das áreas envolvidas: das Ciências (artística, da natureza, social), da Matemática e da Linguagem.

A modelagem nos anos iniciais da educação básica pode propiciar à criança identificar o que mais lhe interessa saber/aprender para fazer, para usar, para aprimorar e, quem sabe, identificar seu talento – que seria um dos objetivos da educação básica. E, dessa identificação, essencial ao seu estar, quem sabe poder instigar nas crianças estudantes dos anos iniciais seu "grande mago que se transforma no mundo e desempenha sua façanha com seu poder criativo mágico", pelos dizeres de Capra (1983).

A essência da modelação está em levar as crianças a transcender o ensino escolar tradicional e alcançar aprendizagem que propicie a cada uma delas querer melhor saber para ser/atuar/fazer quando for adulta. Mais que tudo, que os saberes escolares valham a cada uma dessas crianças que vivenciem a modelação/modelagem nas Ciências, Linguagem e Matemática – uma fonte de saber, uma vez que o saber é essencial a todas as ações, uma fonte de toda a vida, adaptando as palavras de Capra.

Sinal distintivo da modelagem na educação nos anos iniciais é propiciar às crianças conhecimento desses tópicos ou assuntos – que constam no programa curricular – de forma integrada. Isto é, que essas crianças aprendam sobre como esses tópicos das Ciências, Linguagem e Matemática se inter-relacionam. Ou seja, cada evento, cada ocorrência e cada fenômeno na natureza, na sociedade compreendem um conjunto de fatores. E cada manifestação está interligada a algo. Portanto, mesmo que se inteire de algum conhecimento específico, este faz parte de um todo.

As palavras de Fritjof Capra (1983: 103), a seguir, ilustram esses dizeres e me favorecem para concluir essa proposta para os anos iniciais da educação básica:

> Na vida cotidiana, não nos apercebemos dessa unidade de todas as coisas; em vez disso, dividimos o mundo em objetos e eventos isolados.
>
> Essa divisão é, por certo, útil e necessária, para enfrentarmos, com sucesso, nosso ambiente de todos os dias; contudo, essa divisão não é uma característica fundamental da realidade.
>
> Trata-se, na verdade, de uma abstração elaborada pelo nosso intelecto afeito à discriminação e à categorização. A crença de que nossos conceitos abstratos de coisas e eventos isolados são realidades da natureza é uma ilusão.

BIBLIOGRAFIA

ARAUJO, J. C. S. "Do quadro-negro à lousa virtual: técnicas, tecnologia e tecnicismo". In: VEIGA, Ilma Passos Alencastro (org.). *Técnicas de ensino*: novos tempos, novas configurações. Campinas: Papirus, 2006, pp. 13-48.

BACHRACH, A. J. *Introdução à pesquisa psicológica*. São Paulo: EPU, 1971.

BIEMBENGUT, M. S. *Modelagem na educação matemática e na ciência*. São Paulo: Editora da Física, 2016.

_____. *Modelagem no ensino fundamental*. Blumenau: Edifurb, 2014.

BRASIL. Secretaria de Educação Fundamental. *Parâmetros Curriculares Nacionais*: primeiro ao quarto ciclos: apresentação dos temas transversais. Brasília: MEC/SEF, 1997.

CAPRA, Fritjof. *O tao da Física*. São Paulo: Cultrix, 1983.

_____. *O ponto de mutação*. Trad. Álvaro Cabral. São Paulo: Cultrix, 1982.

CLAPARÈDE, E. *A educação funcional*. Trad. e notas J. B. D. Penha. 5. ed. São Paulo: Cia. Editora Nacional, 1958.

DEWEY, J. *Human Nature and Conduct*. New York: Henry Holt and Co., 1922.

DIJKSTERHUIS, E. J.; FORBES, R. J. *História da ciência e da técnica*. Lisboa: Editora Ulisseia, 1963, v. 2.

ENCICLOPÉDIA PRÁTICA JACKSON. *Conjunto de conhecimentos para a formação autodidática*. São Paulo: W. M. Jackson, 1963, v. 11.

FANGE, E. K. von. *Criatividade profissional*. São Paulo: Theor, 1971.

FOUTS, R. *O parente mais próximo*. Trad. M. H. C. Cortês. Rio de Janeiro: Objetiva, 1998.

GARDNER, Howard. *A arte, mente e cérebro*: uma abordagem cognitiva da criatividade. Trad. Sandra Costa. Porto Alegre: Artes Médicas Sul, 1999.

GEORGE, Frank. *Modelos de pensamentos*. Trad. Mário Guerreiro. Petrópolis: Vozes, 1973.

GOMBRICH, E. H. *Arte e ilusão*: um estudo da psicologia da representação pictórica. São Paulo: Martins Fontes, 1986.

HABERMAS, J. *Conhecimento e interesse*. Trad. José N. Keck. Rio de Janeiro: Zahar, 1982.

HERKOVITS, Melville J. *Antropologia cultural*. Trad. Maria J. Carvalho e Helio Bichels. São Paulo: Mestre Jou, 1963.

HUME, D. *Tratado de la naturaleza humana*. Trad. Vicente Viqueira. Madri, 1923. (Colección Universal).

KANT, Immanuel. *Duas introduções à crítica do juízo*. São Paulo: Iluminuras, 1995.

KOVACS, Zsolt Lászio. *O cérebro e a sua mente*: uma introdução à neurociência computacional. São Paulo: Acadêmica, 1997.

MARIOTTI, Humberto. *As paixões do ego*: complexidade, política e solidariedade. São Paulo: Palas Athena, 2000.

MATURANA, H. *Emoções e linguagem na educação e na política*. Trad. José Fernando Campos Fortes. Belo Horizonte: Editora UFMG, 2001.

_____; VARELA, Francisco J. *A árvore do conhecimento*. Trad. Humberto Mariotti e Lia Diskin. São Paulo: Palas Athena, 2001.

MERLEAU-PONTY, M. *O visível e o invisível*. São Paulo: Perspectiva, 1971.

OSBORN, Alex F. *O poder criador da mente*. São Paulo: Theor, 1971.

OSTROWER, Fayga. *A sensibilidade do intelecto*. Rio de Janeiro: Campus, 1998.

PIAGET, J. *Seis estudos de psicologia*. Trad. Maria Alice D'Amorin e Paulo S. L. Silva. Rio de Janeiro: Forense, 1987.

RATEY, John J. *O cérebro:* um guia para o usuário. Rio de Janeiro: Objetiva, 2002.

RESTREPO, L. A. "A relação entre a sociedade civil e o Estado". *Revista de Sociologia*. São Paulo, USP, 2° sem. 1990, pp. 61-100.

SACKS, O. *Um antropólogo em Marte*. Trad. Bernardo Carvalho. São Paulo: Companhia das Letras, 1995.

SAMBRANO, J.; STEINER, A. *Los mapas mentales*. Caracas: Alfadil Ediciones, 2003.

SCHELER, Max. *Conjunto de conhecimentos para a formação autodidata*. São Paulo: W. M. Jackson Inc. Editores, 1963, v. XI, pp. 125-84.

SPENCER, Hebert. *Conjunto de conhecimentos para a formação autodidática*. São Paulo: W. M. Jackson, 1963, v. XI, pp. 125-84.

WURMAN, R. W. *Ansiedade de informação*. São Paulo: Cultura Associados, 1991.

A AUTORA

Maria Salett Biembengut dedica-se à pesquisa em modelagem na educação desde 1986. Foi professora e pesquisadora na Universidade Regional de Blumenau (FURB) entre os anos de 1990 e 2015. Matemática, com especialização pela Unicamp, mestrado em Educação Matemática pela Unesp e doutorado em Engenharia de Produção de Sistemas pela UFSC. Foi professora visitante das Faculdades de Educação da Universidad de Salamanca – Espanha (fev-abr/2003; fev/2012; fev/2014 e jan/2016); Educação da New Mexico State University – EUA (nov-dez/2004); de Matemática da Technische Universitat de Dresden – Alemanha (jun-jul/2009), da Lappeenranta University of Technology e da Tampere University of Technology – Finlândia (fev/2012); e da Teacher College da Columbia University (dez/2014). Foi ainda presidente do Comitê Interamericano de Educação Matemática – Ciaem (2003-2007) e fundadora do Centro de Referência de Modelagem Matemática no Ensino – Cremm. Coautora de *Modelagem matemática no ensino*, publicado pela Editora Contexto.

MODELAGEM MATEMÁTICA NO ENSINO

Maria Salett Biembengut e *Nelson Hei*

A modelagem matemática busca traduzir situações reais para uma linguagem matemática, para que, por meio desta, possamos melhor compreendê-las. Neste livro, a modelagem é levada para o dia a dia da sala de aula em suas várias possibilidades de trabalho mostrando como o professor pode fazer para ensinar melhor.

Cadastre-se no site da Contexto

e fique por dentro dos nossos lançamentos e eventos.

www.editoracontexto.com.br

Formação de Professores | Educação

História | Ciências Humanas

Língua Portuguesa | Linguística

Geografia

Comunicação

Turismo

Economia

Geral

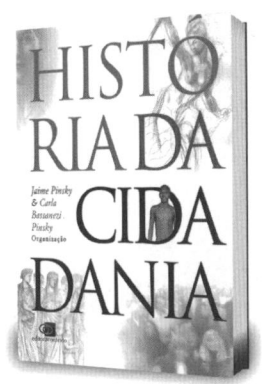

Faça parte de nossa rede.
www.editoracontexto.com.br/redes

editora contexto

Promovendo a Circulação do Saber

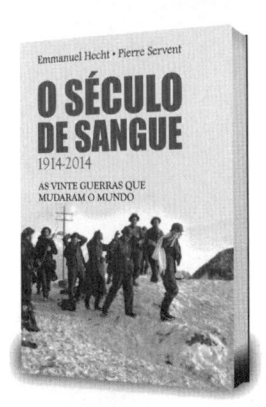

GRÁFICA PAYM
Tel. [11] 4392-3344
paym@graficapaym.com.br